CHUANZHU JICHU JIFA

串珠基础技法一本通

犀文图书 编著

天津出版传媒集团

 天津科技翻译出版有限公司

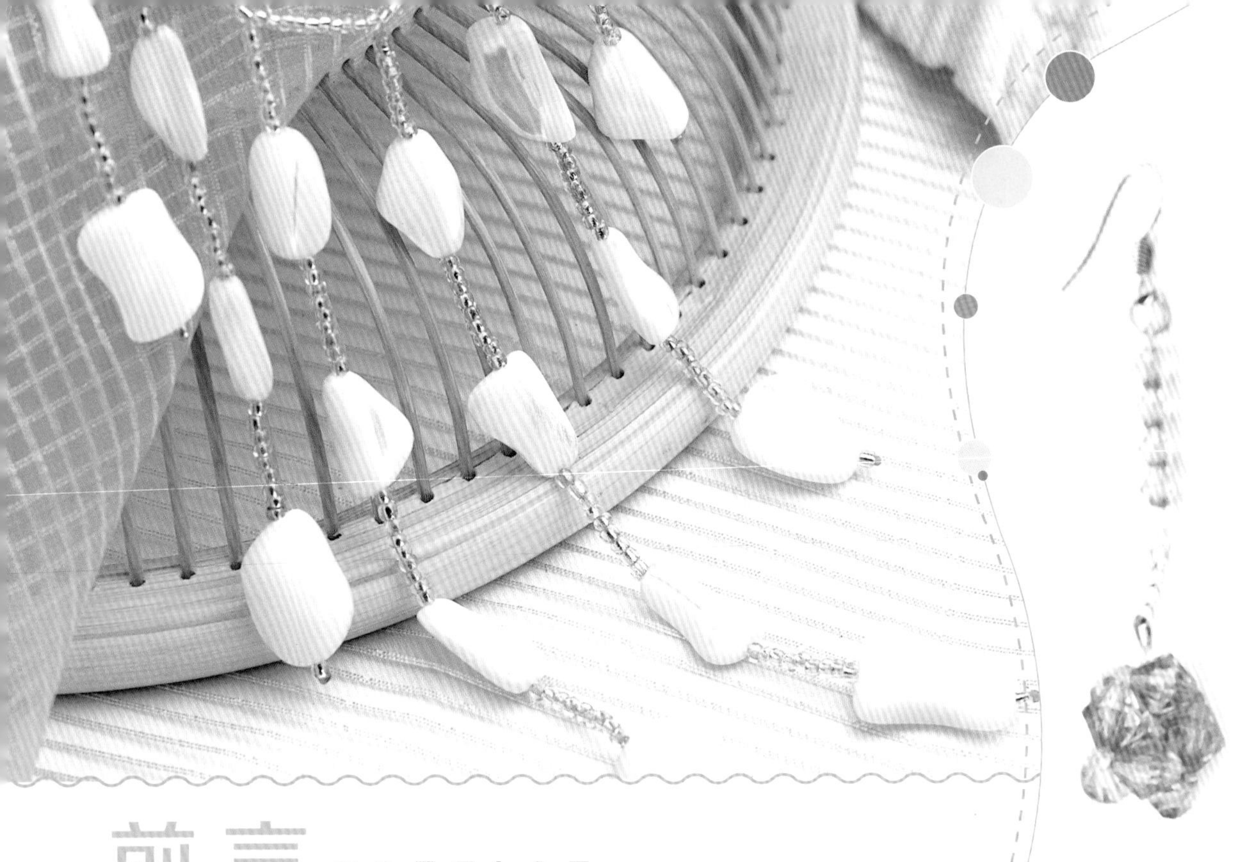

前言 PREFACE

当看到一些晶莹剔透、珠光闪闪的珠子类饰品时，你是不是会心动不已呢？这些是由弹力线、渔线、铜线、蜡绳、水晶、玛瑙、玻璃、琥珀等制作而成的哦。不同线材、不同质地的珠子可以组合成不同风格的串珠饰品。这些饰品或清新时尚，或复古典雅，或甜美梦幻，总有一款是你喜欢的。

串珠以不同的组合方式展示了千变万化的形态，这种珠子与珠子的混搭是多么的美妙、精致。你是不是也想自己编条漂亮的手链向朋友们炫耀，但又担心制作起来很难呢？其实，每一款串珠的制作都有规律可循，摸索得多了自然就熟能生巧，成为手工达人。

本书选取了八十多款精美的串珠作品，包括项链、手链、耳环等多个种类，每一款都有详细的文字说明和图解，简单易上手，你只需准备一些漂亮的珠子和配件，花上几分钟，再加上一点点耐心，就可以制作出美丽的串珠了。这些赏心悦目的串珠，你可以将它们装饰在房间里，也可以送人，与朋友分享串珠带来的乐趣。

目录 CONTENTS

Part 1 串珠基础入门

Part 2 串珠基础技法及应用

Part 3 串一串，串出新花样

Part 1

串珠基础入门

何为串珠

串珠，即用水晶、木、玛瑙、玻璃、琥珀等各种质地的珠子，以不同的穿法，做出独具个性的时尚饰品。

珠子的选择

水晶

水晶分为人造水晶和天然水晶。

如何区分人造水晶和天然水晶?

取一条黑线或发丝,用胶带粘好固定在白纸上,将水晶(只限 40mm 以上的晶球)放在线上,透过水晶观看黑线或发丝，看过去若折射为 2 条线影，那就是天然水晶，如果没有折射现象，仍然呈现为一条线影的话，就不是天然水晶。

天然水晶做出来的饰品质感较其他廉价的材料好很多，但也因为价格很贵，不太适合初学串珠的新手用来练手。

亚克力珠子

亚克力俗称“经过特殊处理的有机玻璃”。亚克力的光泽度和硬度介于玻璃和塑料两者之间。综上所述，亚克力珠子的特性是轻巧、颜色和款式多样，价格也比较便宜，使用范围较广。

玻璃珠子

玻璃珠子价格适中，形状较全，但易碎，也较重。玻璃珠子的外观近似水晶，不过光泽度和质感比不上水晶，但物美价廉，做出来的饰品也非常漂亮，是很多串珠爱好者的主要材料，推荐新手使用。

塑料珠子

塑料珠子是最便宜的一种，也是运用最广泛的一种。其中比较常用的仿真珍珠，因为价钱便宜，并且质量也比较好，新学者可以试试。

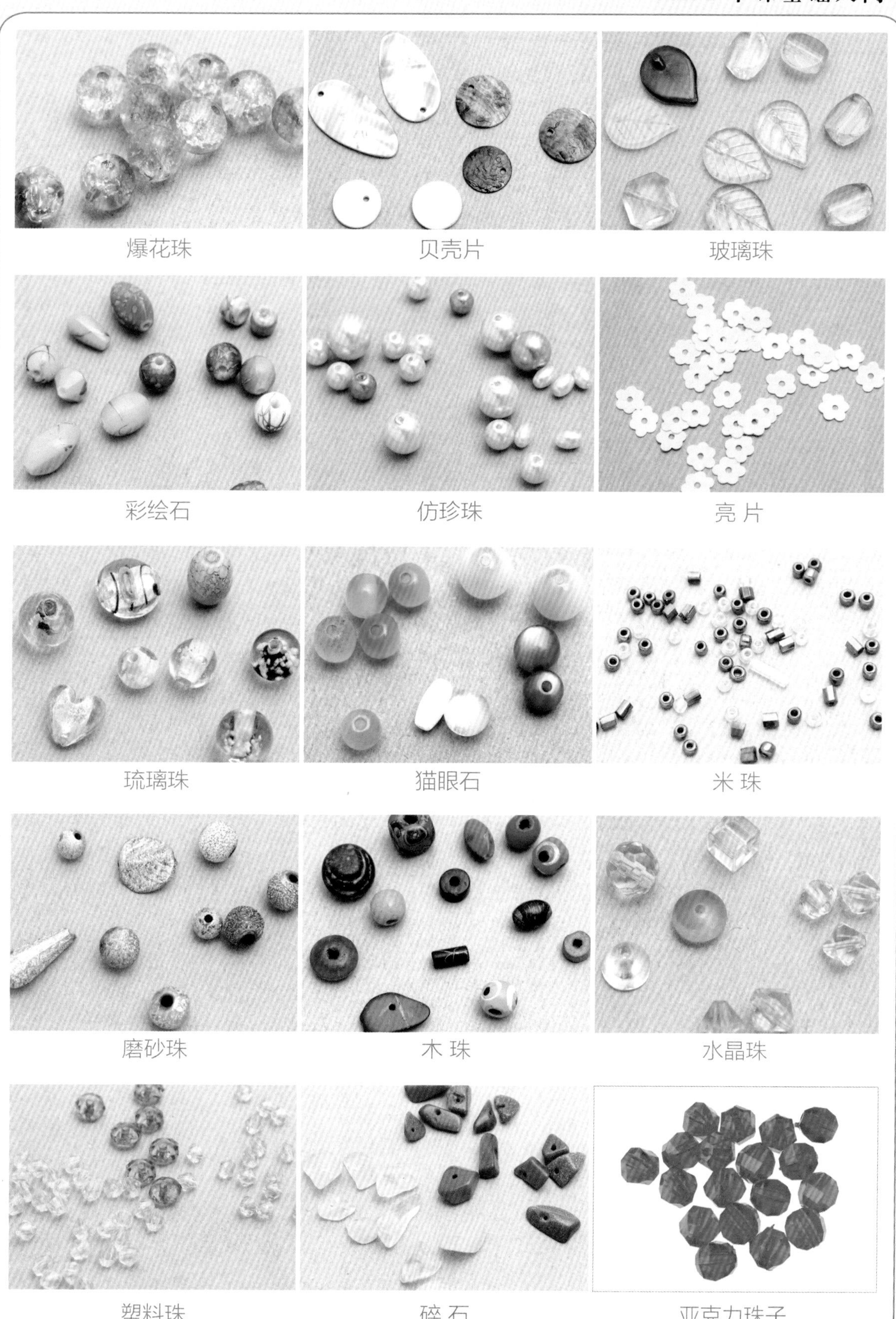

爆花珠 贝壳片 玻璃珠

彩绘石 仿珍珠 亮 片

琉璃珠 猫眼石 米 珠

磨砂珠 木 珠 水晶珠

塑料珠 碎 石 亚克力珠子

串珠的线材

弹力线

弹力线又分为实色弹力线和渔丝弹力线（也称水晶弹力线）。

1. 实色弹力线

实色，呈扁状，由多根细线组合成一根线。相对来说，这种弹力线弹性较好，不过由于它是由多根细线组合成一体的，所以，在与珠子经常摩擦的情况下，时间久了很容易断，尤其是穿水晶、玻璃类时。因此，其宜做简易点的手链、项链等。

2. 渔丝弹力线

透明，圆形，类似渔线，不过比渔线多了些弹力。这种弹力线的弹力较为一般，不过不易断，也不会分叉。

棉线

由棉花纤维搓纺而成，可以任意曲折，色彩多样。

铜线

质地较软，适合做造型，可用来固定一些配件。但在使用铜线时，不要绕得太厉害，否则容易断。

渔线

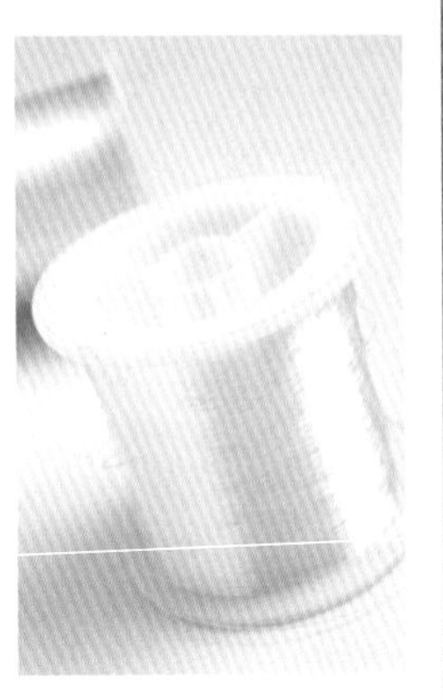

一种透明的线，非常结实，不易断，不过打结的时候需要特别注意，因为渔线表面光滑，如果结没有打好，较容易松开。一般宜配合包扣、定位珠使用。渔线较适合做串珠造型，主要用于花样串珠。

钢丝

钢丝质地较硬，粗的一般用来做手镯等，细的也可以做花形，因其有一定的回弹力，只要不折出痕迹，在弯曲后，一松手就会自动弹回。另外，它不像铜线那么好掌握，做花形时，也有较大的局限性，不能用来缠东西。

记忆钢圈

用处同钢丝一样，不过一般记忆钢圈并非纯钢制作，而是用铁与钢的合金制作，硬度较大，相对不易变形，常用于戒圈、手镯圈、项链等。

绳类

包括圆皮绳、扁皮绳、蜡绳等。用于手链、项链等代替链扣，直接打结就可以用，很方便。

串珠的工具

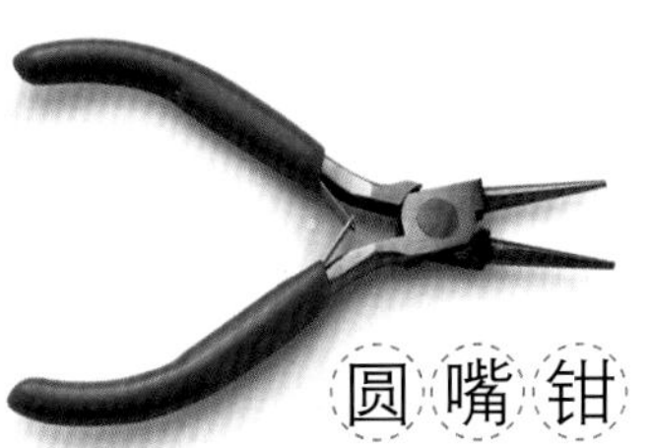

圆嘴钳

这种钳子的尖端部分是圆的，用来绕出漂亮的圆形，一般多用于 9 针、T 针等。

尖嘴钳

尖端部分是尖的，可以用来夹扁定位珠，或把弯了的线、针弄直。

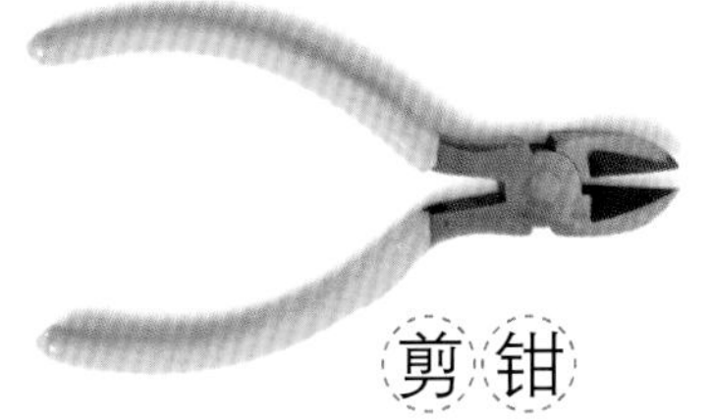

剪钳

用来剪断过长的 9 针、T 针、铜线、钢丝和一些较细的金属线、链。一般的剪钳，可用于裁剪直径 1mm 左右的针或铜丝线，但不适合于剪钢圈（如戒圈、手镯圈等）。

打火机

用来处理一些线头，如丝带、缎带等。

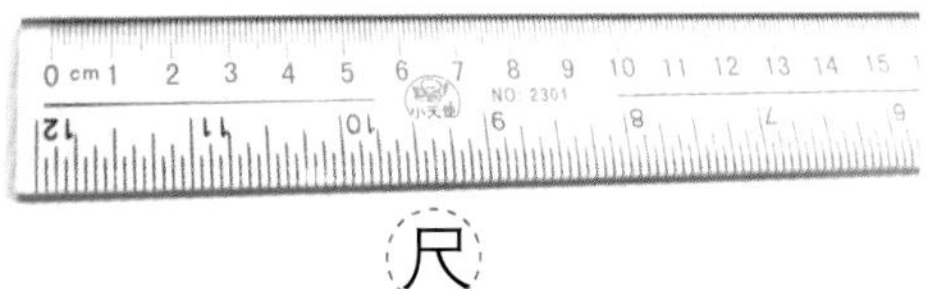

尺

用来测量长度、规格等。

剪刀

用来剪线和绳子等，在用渔线进行花式串珠的时候，最适合使用线剪或者前端较尖细的剪刀。

串珠针

特别长，专为串珠设计的。有些线较软，直接串珠子会有一定的难度，借助串珠针就容易多了。

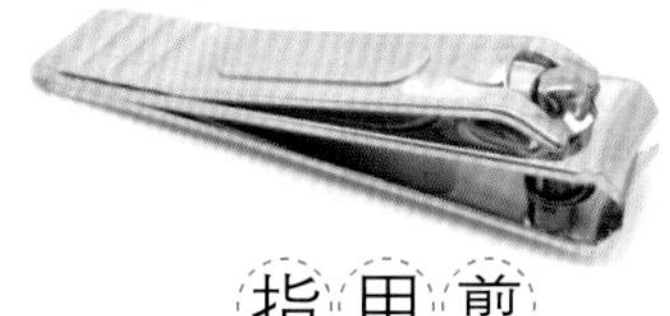

指甲剪

用来剪去多余的线头的，如渔线或钢丝，有的空隙实在太小，只有指甲剪才能派上用场。

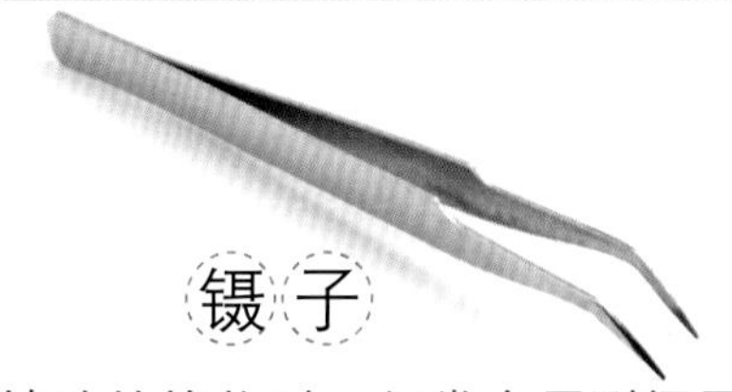

镊子

做精致的饰物时，经常会用到镊子。用来夹取一些小配件、粘钻或者粘珠子。

黏合剂

收尾后仍能看到渔线时，可用黏合剂固定。有时，也有饰品用黏合剂来粘住珠子。

注意：根据所要制作的串珠作品选购相应的工具即可。

串珠的金属配件及使用方法

金属配件

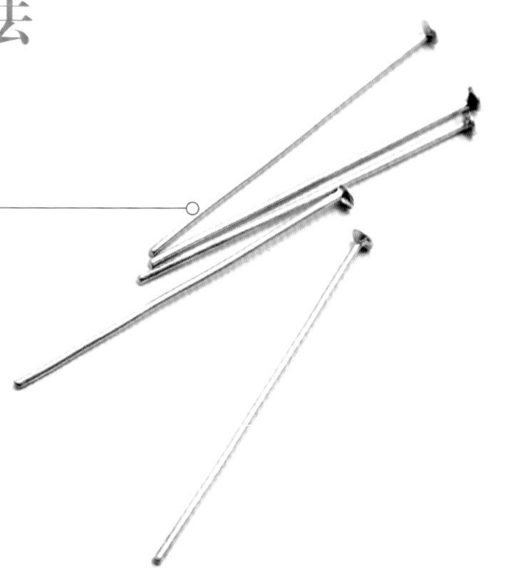

T针

呈"T"字形，一头为针状，一头为平底或者半圆底。有多种规格，常用长度是 2.2cm、2.8cm、3.5cm，粗细一般是 0.7cm，最细的也有 0.4cm。一般用于穿好珠子后，挂在饰品的最下端。

9针

呈"9"字形，一头呈圆圈形，另一头为针状。有各种规格，一般在中间串好珠子或者其他配件后，把另一头也绕成圆形，主要起连接上下两头的作用。

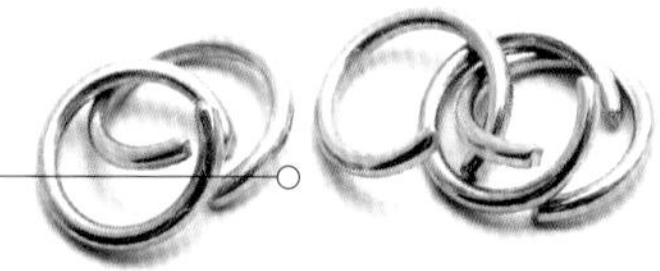

单圈

也称"O"形环或"C"形 3 形环。有多种型号，常用的一般为 4cm 和 6cm，在两个配件之间起到连接的作用。

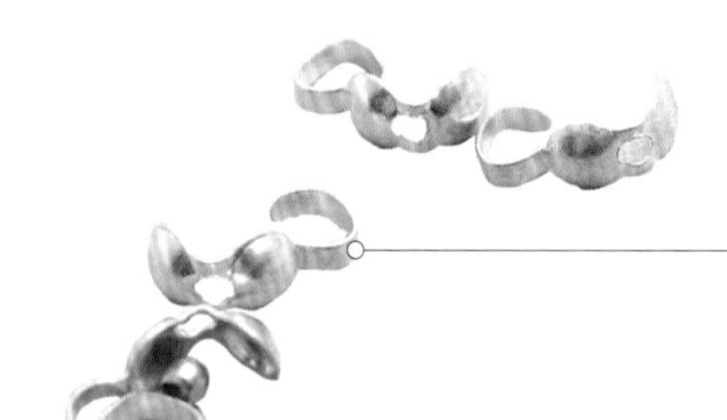

包扣

在配件中起连接作用，一般用于整款饰品的末端；较常使用在渔线、直链（无孔的）、绳类等配件上，需配合定位珠或者其他珠子使用。

定位珠

用来固定位置。可放置于包扣内，用尖嘴钳夹扁后，可以将线或者链卡住不滑出包扣。用于制作手链、项链、流苏等，也可用于将珠子固定在某一位置上。

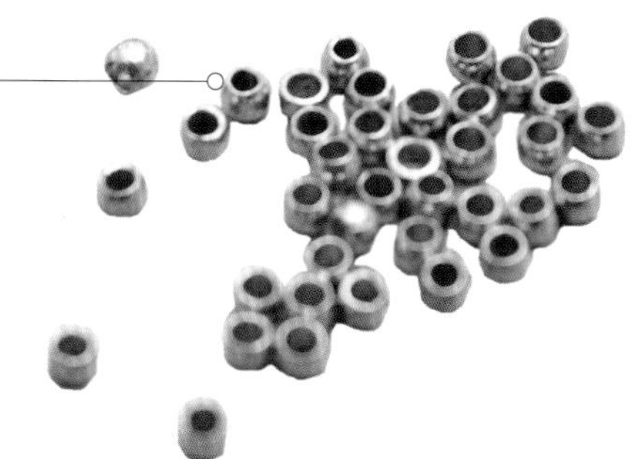

链 扣

一般在制作项链、手链时使用。链扣又分普通链扣、花式链扣、磁性扣、IQ 扣。

普通链扣：一般指龙虾扣、弹簧扣等。

花式链扣：链扣的表面装饰有玫瑰花、紫荆花等形状，款式较为特别和精致。

磁性扣：链扣上面带有磁石，可以相互吸引，达到自动扣住的效果。

IQ 扣：由一个圆环和一根横杆组成，常用于制作手链、腰链等。

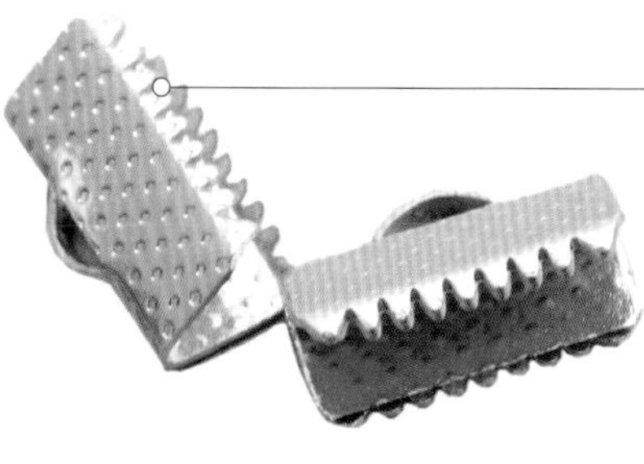

马夹扣

可用于夹丝带、缎带、蕾丝等有一定宽度的绳类材料，当然也可以用来同时夹好几根链、钢丝线等，可做出并排的效果。

金属链

金属链又分无孔链和有孔链。一般用于做项链、手链、流苏等。

无孔链：分为波波链、珠节链、金丝链等。链上没有明显的孔状，不能在上面直接使用单圈、9 针、T 针等。这种类型的链在与链扣连接的时候需要借助配套的其他配件，如波波链、珠节链要配合贝壳链头使用，而金丝链要配合钢丝扣、夹片或者包扣使用。

有孔链：分为“O”形链、调节链、“8”字链等，这类型的链上面有明显的孔状，可以直接用单圈、9 针、T 针在链上面做造型，用来挂一些珠子、小配件等。

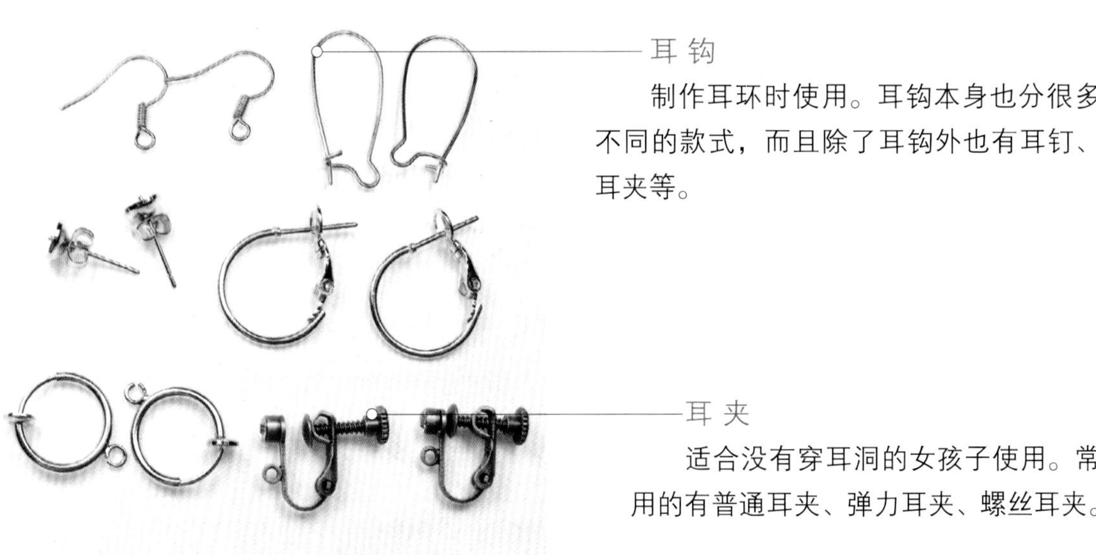

耳钩

制作耳环时使用。耳钩本身也分很多不同的款式，而且除了耳钩外也有耳钉、耳夹等。

耳夹

适合没有穿耳洞的女孩子使用。常用的有普通耳夹、弹力耳夹、螺丝耳夹。

别针　　环形配件　　链坠

金属配件的使用方法

单圈的使用方法

单圈又分“C”形环、“O”形环。国内一般用的是“O”形环，两者的用途都是一样的。使用单圈时，宜用尖嘴钳将单圈拉开，使单圈呈上下开口交错状，这样才能保持不变形。左图交错的弯法是正确的，右图为错误用法。单圈不仅可以直接套在珠子上，也可以配合 9 针或 T 针使用，可灵活运用。

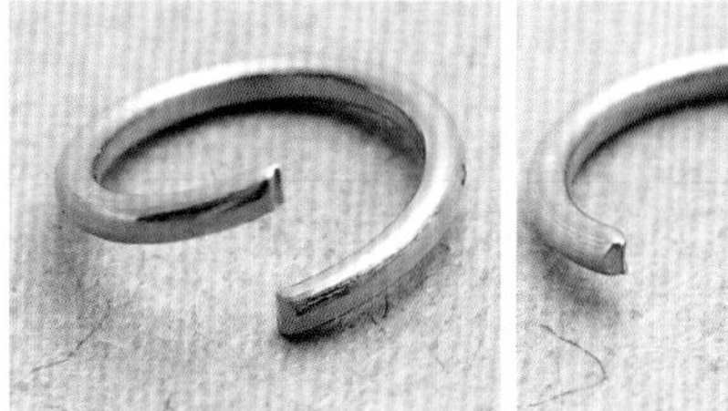

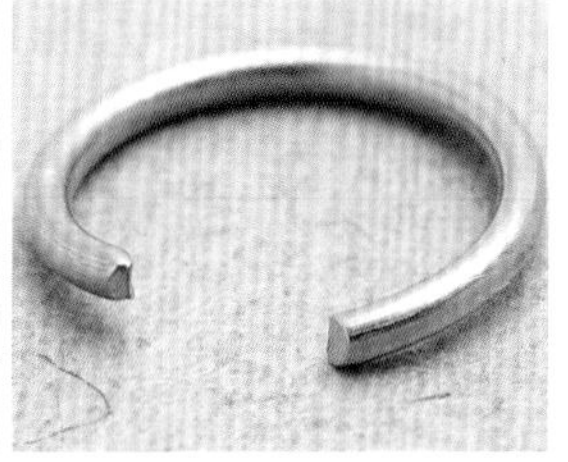

T 针的使用方法

将 T 针穿过珠子后，用剪钳剪到合适的长度，然后，用圆嘴钳将 T 针贴着珠子折成直角，再夹住 T 针的尾端（使 T 针贴着圆嘴钳），将其绕成一个圆形。

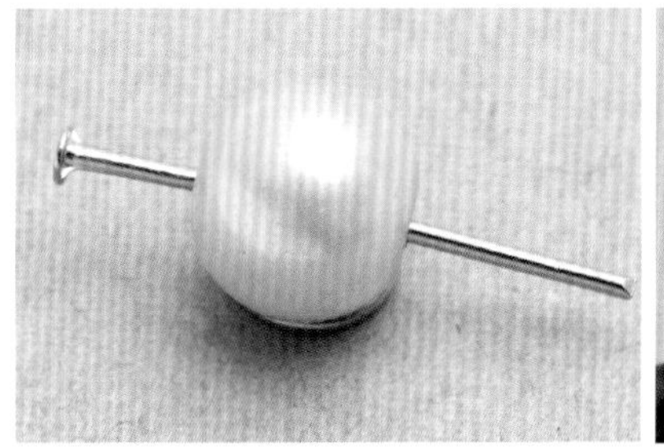

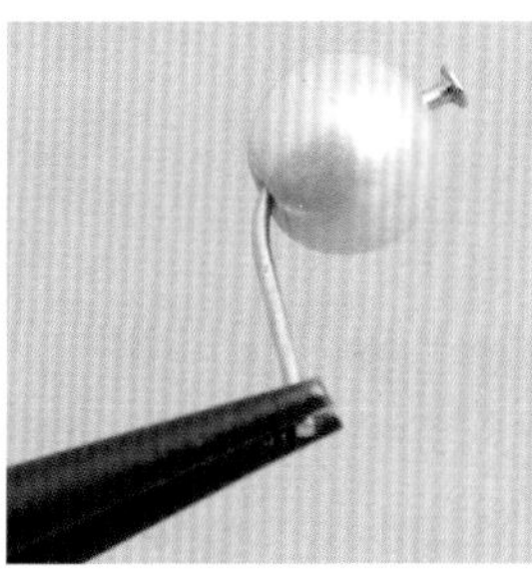

9 针的使用方法

将 9 针穿过珠子后，用尖嘴钳紧贴着珠子，将针弯成直角。用圆嘴钳套入 9 针本来就弯好的一头，试一下原来的圈有多大，以确保两边弯出来的圈大小一致、匀称。接着，将圆嘴钳放于针端，在刚才测好的地方，使针尖绕圆，最后用钳子夹一下，使圈闭合。

9 针与 T 针的绕法基本上是一样的，只不过用途不完全相同。

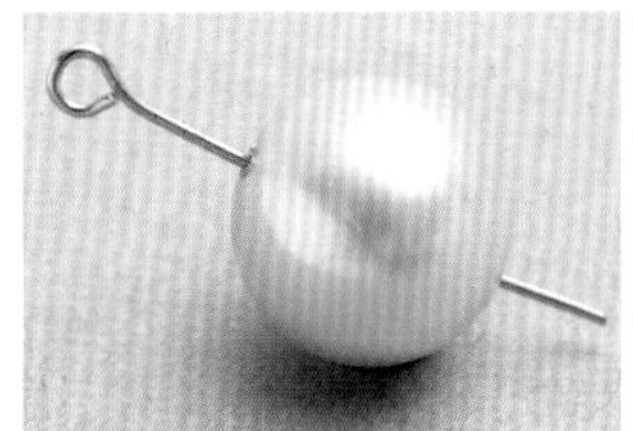

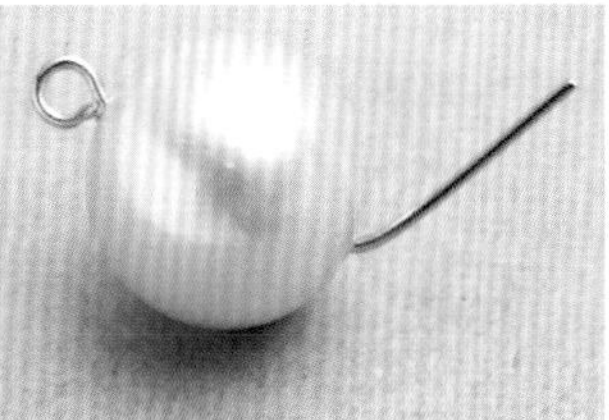

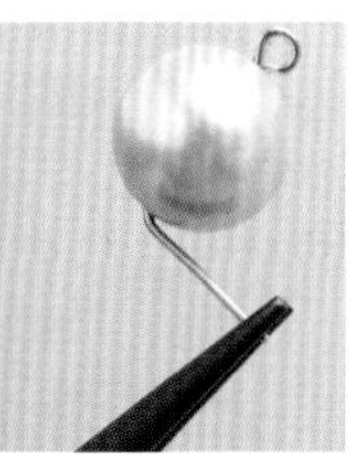

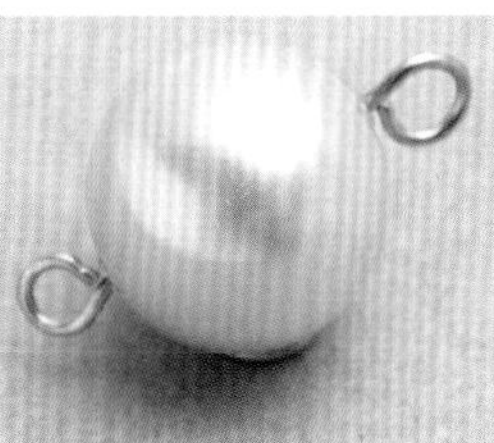

注意：9 针或者 T 针绕圈时，钳子夹住针的部位应是刚刚好夹住，这样绕出来的圈才会又圆又漂亮。

定位珠的使用方法

在小花托的两边各穿上一颗定位珠，然后用尖嘴钳夹扁，直到不会脱落为止。但要注意，因为定位珠比较小，想夹好的话需要一点点耐心。定位珠的主要作用是用来阻挡珠子的滑落，可配合调节链和渔线的使用。

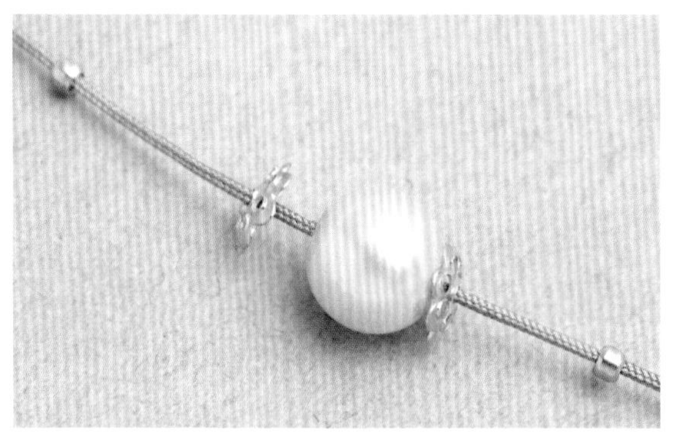

包扣的使用方法

先将定位珠卡在线的一头，在线上穿入一个包扣，把包扣移动到可以含住定位珠的位置，然后将之闭合，最后用圆嘴钳将包扣自带的钩子绕成圆形即可。

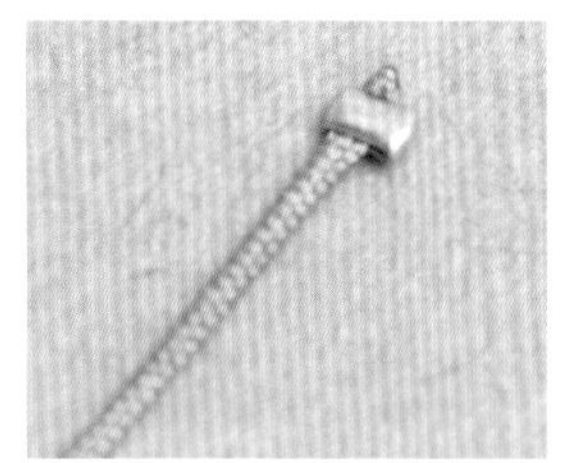
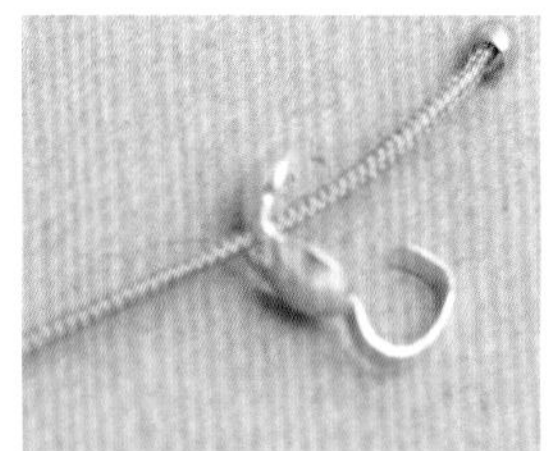
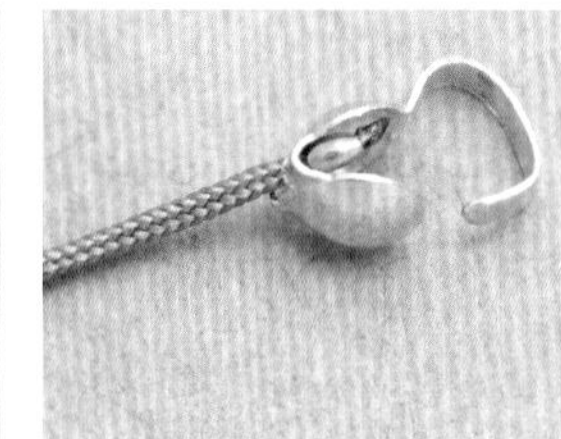
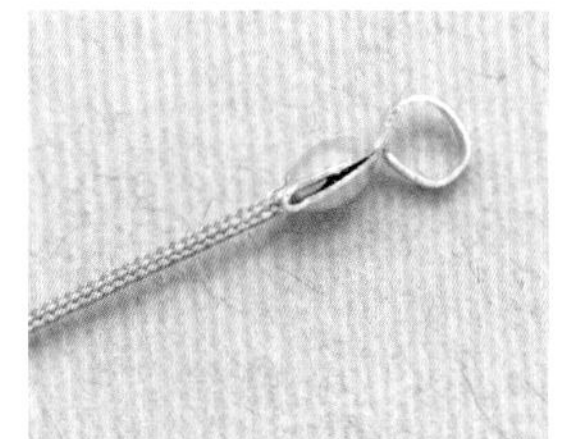

贝壳扣的使用方法

贝壳扣主要是配合波波链来使用。先用贝壳扣含住波波链末端的一颗链珠，然后将其闭合起来即可。

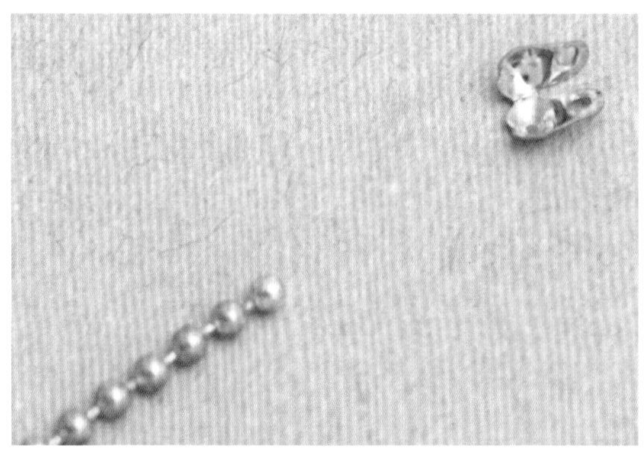

注意：贝壳扣较小，使用的时候要特别注意，否则很容易掉。

Part 2

串珠基础技法及应用

串珠基础技法

四边球形

1. 用线穿入 4 颗珠子。

2. 在最后一颗珠子上用线交叉穿过。

3. 完成步骤 2 后在左边的线上穿入 2 颗珠子，在右边的线上穿入 1 颗珠子，用同样的方法将线交叉穿过左边第二颗珠子。（注意：这里所说的左右并非固定的，只是为了方便制作者理解其做法，具体操作时，任意一方均可）

4. 重复前面的做法，直到中间穿好 4 颗淡绿珠子，两侧各 4 颗绿珠子，然后将最后一次穿过绿珠的线向上绕回第一颗淡绿珠子交叉串过。

5. 将线拉紧，这样，一个四边球形便制作出来了。

6. 将线的两头穿过珠子绕到一起，打好结，再用剩下的线对穿好的球形进行加固，直到球变得结实，不易变形为止。

注意：一般情况下用得最多的是渔线。渔线因为本身较为光滑，不好打结，所以，用渔线打好结后要再重复穿几次，最后剪去多余的线头。

三边球形

三边球形串法是由四边球形的串法所演变出来的，操作方式也跟上面的一样，只不过穿的珠子要比上面少一层。因为珠子的数量不同，所以，从侧面来看，它的形状就是三角形。

弹力线打结

弹力线有弹性，较粗，打好结后容易松掉，可以参考图中的方法，先将穿好珠子的弹力线连续打 2 个死结，然后用弹力线的一头穿过邻近的珠子，并将死结拖入珠子的孔中。如果珠子孔较大，为防止线结滑脱，可以往珠孔内注入少量胶水，用于固定线结。

圆球形

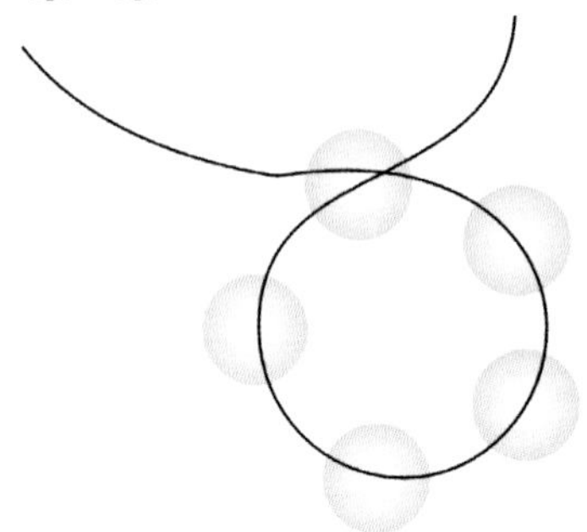

1. 先穿上 5 颗圆珠，左右对穿最后一粒珠。

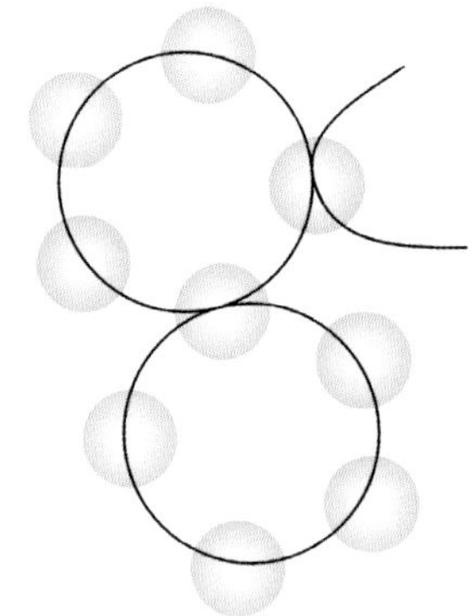

2. 左边的线穿入 4 颗珠子，再左右线对穿最后一颗珠子。

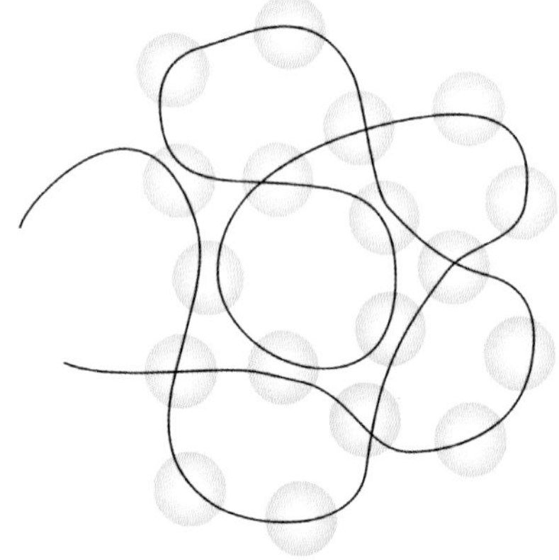

3. 左线穿过中心的一颗珠子，右线穿入 3 颗珠子，左线对穿右线的最后一颗珠子。重复此步骤 2 次。

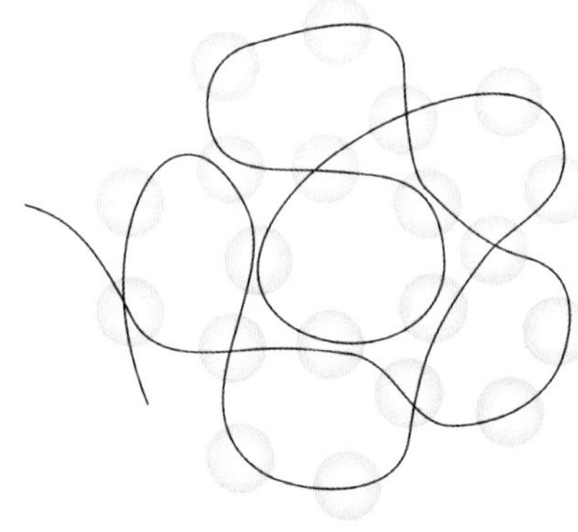

4. 右线穿过中心的一颗珠子和步骤 1 中的另一颗珠子，再穿入 2 颗珠子，左线对穿右线的最后一颗珠子后即呈半圆球形。

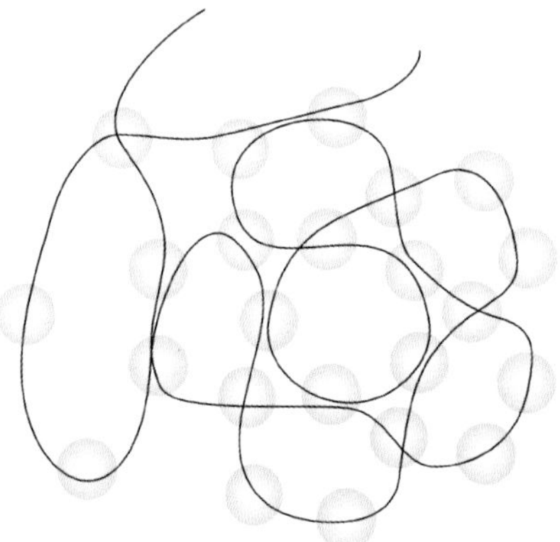

5. 右线穿上 3 颗珠子；左线穿 1 颗珠子，然后与右线对穿最后一颗珠子；右线再穿过中心的 2 颗珠子。

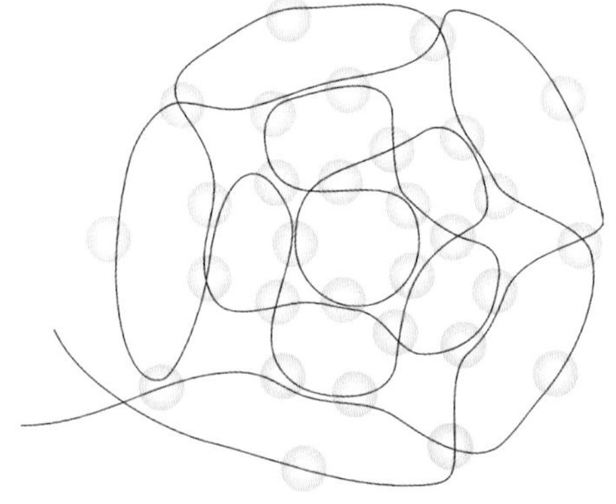

6. 左线穿过 2 颗珠子，右线对穿中心的 2 颗珠子，再对穿于左线的最后一颗珠子。重复此步骤 3 次，最后打结，将线头藏于珠中，圆球即制作完成。

链链情深

缘

材料： 4mm 浅蓝色水晶菱珠 A，4mm 湖蓝色仿珍珠 B， 4mm 白色亚克力珠 C，2mm 白色米珠 D。

配件： 一条 40cm 细链，螺丝扣，一条 80cm 渔线，一条 15cm 渔线。

工具： 剪刀，圆嘴钳。

制　作　步　骤

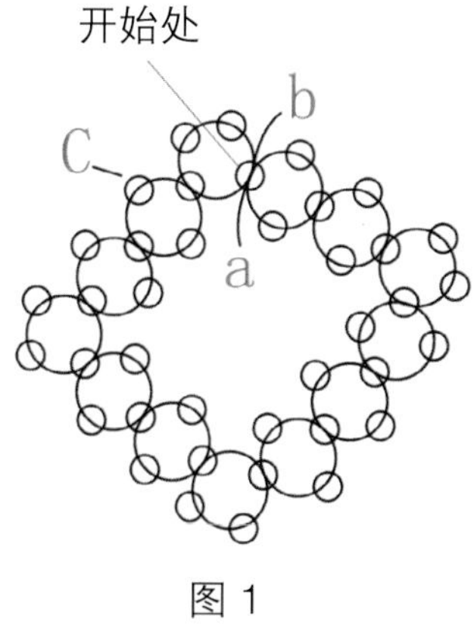

图 1

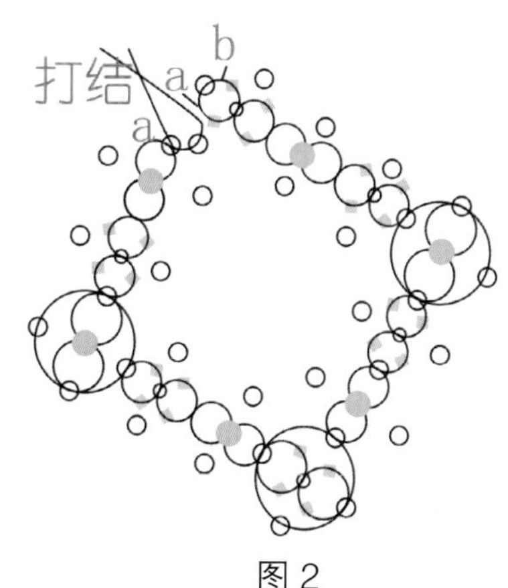

图 2

1. 取 80cm 渔线，从图 1 中“开始处”开始，将白色亚克力珠 C 穿好，穿至结束圈。至此完成项链菱形主体珠子花的第一层。

2. 用步骤 1 的余线 a、b 按图 2 的方法，继续将浅蓝色水晶菱珠 A、湖蓝色仿珍珠 B、白色米珠 D 穿好。至此完成项链菱形主体珠子花的第二层。

3. 另取一段 15cm 长渔线，在步骤 2 完成的菱形主体珠子花上穿好一段米珠圈。

4. 接着，在米珠圈上添加一条 40cm 长细链，并在细链上添加螺丝扣即可。

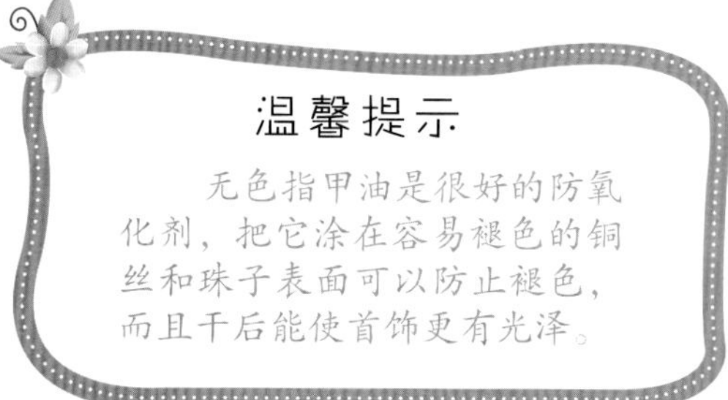

温馨提示

无色指甲油是很好的防氧化剂，把它涂在容易褪色的铜丝和珠子表面可以防止褪色，而且干后能使首饰更有光泽。

冰心玉壶

材料: 10mm×8mm 白色水滴切面水晶珠 A，6mm×5mm 粉色椭圆切面水晶珠 B，3mm 色玻璃珠 C，6mm×5mm 红色水晶锆石 D，3mm 粉色水晶菱珠 E，2mm 白色米珠 F

配件: 圆形古铜花盘，包扣，单圈，龙虾扣，40cm 渔线 1 条，80cm 渔线 2 条。

工具: 剪刀，圆嘴钳，尖嘴钳。

制　作　步　骤

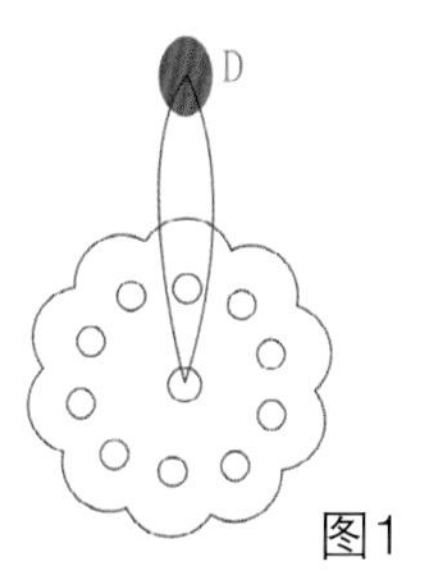

图1

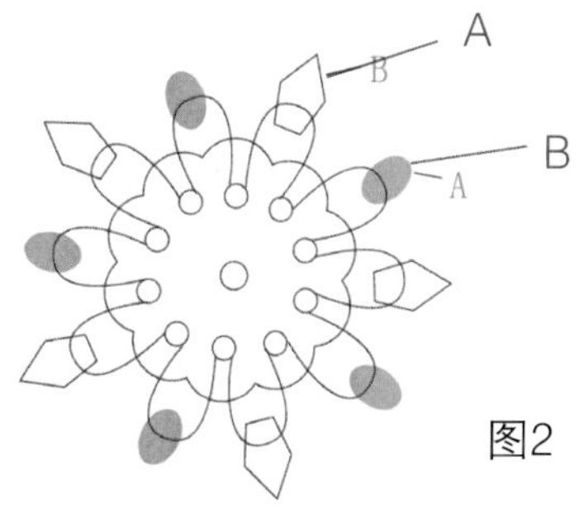

图2

1. 如图1，先取一条40cm渔线，从花盘中间的孔穿入一颗红色水晶锆石D，由此开始制作项链最低端的主体花部分。

2. 如图2，继续在花盘上依次穿入白色水滴切面水晶珠A和粉色椭圆切面水晶珠B。

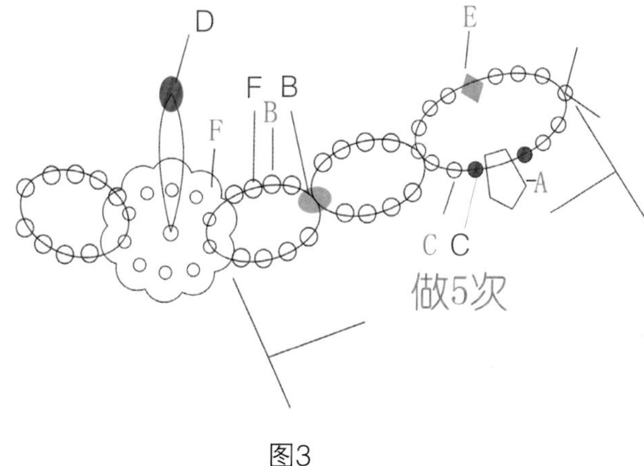

图3

3. 另取80cm的渔线穿入花盘，开始往两边穿珠，做一个起始串珠组。

4. 如图3，先从花盘右侧开始，用水晶珠B、米珠F穿好花盘右侧第一圈至第二圈，然后用水晶菱珠E、米珠F、玻璃珠C、水晶珠A穿好右侧第三圈。

5. 重复操作步骤4 花盘右侧第二至第三圈5次，然后再重复步骤4第一圈2次，然后用2mm白色米珠F以8珠为一圈的形式穿好项链末端的最后3圈珠子。

6. 用同样的方法制作好项链的另外一边，并在两边渔线的末端添加上包扣、单圈和龙虾扣即可。

温馨提示

同一件首饰，应避免长时间佩戴，尤其是在炎热的夏天，首饰镀层长期接触汗水，容易腐蚀，因此最好是预备多件饰品以用作经常替换。

雪花飘

材料： 4mm 或 3mm 透明水晶角珠（只选其中一种型号）。

配件： 0.2 ~ 0.25mm 的银色铜线或其他金属线 30cm。

工具： 指甲钳或剪刀。

制作步骤

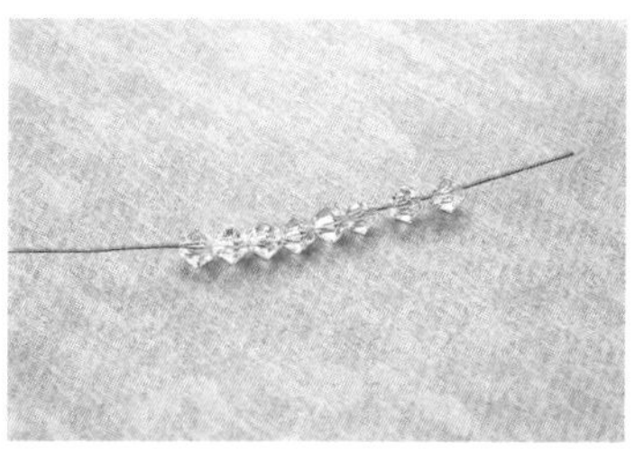

1. 在铜线上穿入 8 颗透明水晶角珠。

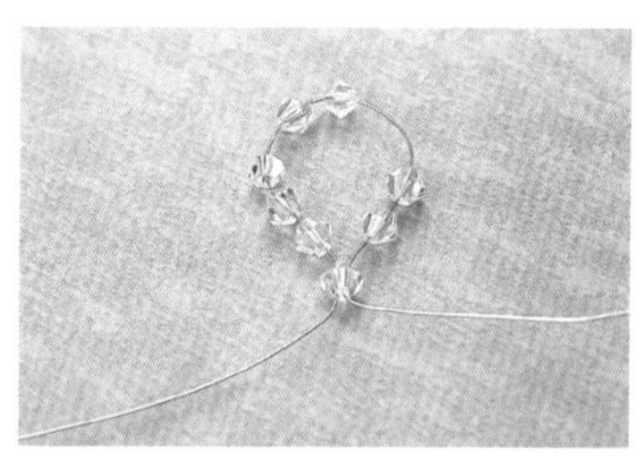

2. 如图，将铜线回穿到第一颗水晶角珠。

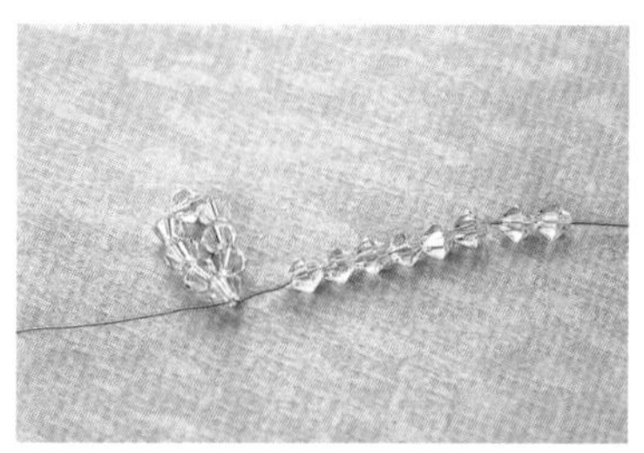

3. 拉紧铜线，再穿入 8 颗水晶角珠。

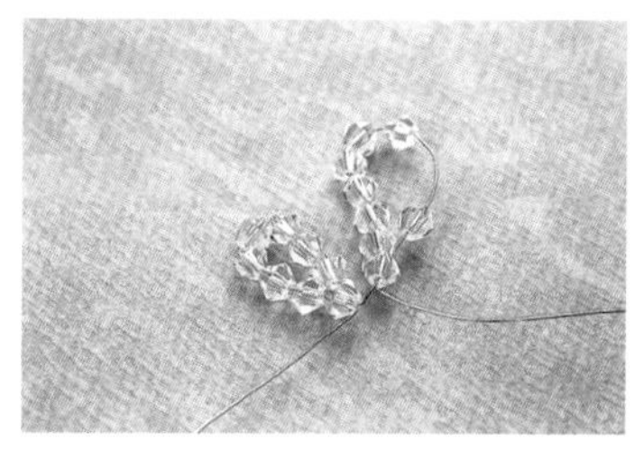

4. 如图，再回穿到步骤 3 的第一颗水晶角珠中。

5. 重复以上步骤，完成雪花的 6 瓣。

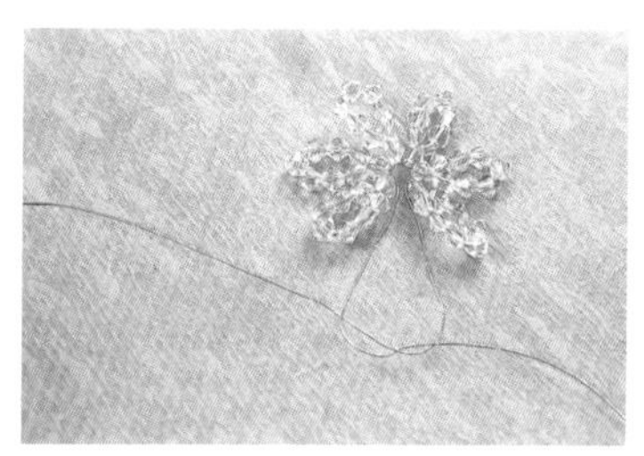

6. 将两端线头打结。

7. 将多余的线头缠绕在中心部分，然后，将余出部分用剪刀或指甲钳剪去即可。

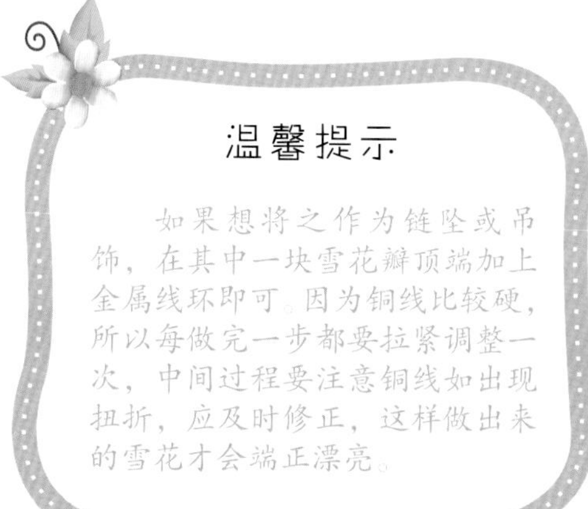

温馨提示

如果想将之作为链坠或吊饰，在其中一块雪花瓣顶端加上金属线环即可。因为铜线比较硬，所以每做完一步都要拉紧调整一次，中间过程要注意铜线如出现扭折，应及时修正，这样做出来的雪花才会端正漂亮。

紫心链

材料： 2mm 银色米珠，4mm 银色米珠，6mm 紫红色玻璃爆花珠（长度自定，所以珠子数目或有不同）。

配件： 环扣 1 个，5mm 圆环 1 个，定位珠 2 枚，串珠钢线或渔丝长度约为 1 ~ 1.5m。

工具： 剪刀，尖嘴钳。

制 作 步 骤

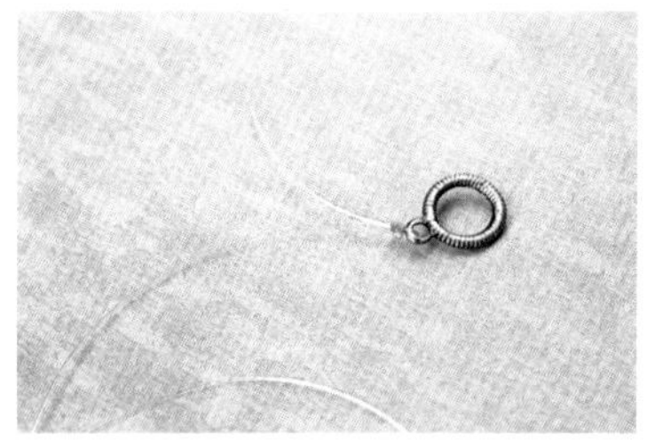

1. 在线的一端装好环扣，用一枚定位珠固定。

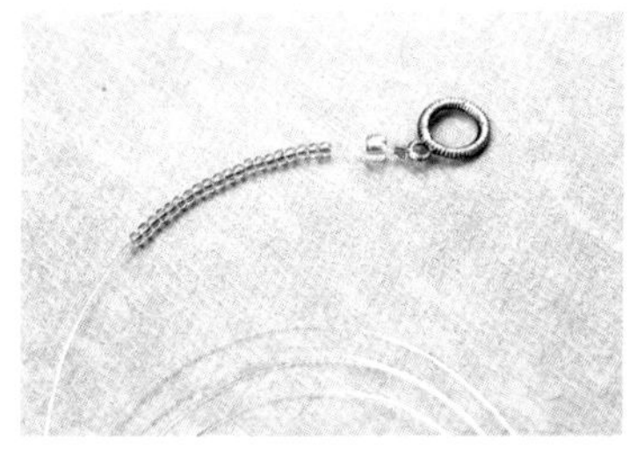

2. 穿入 1 颗 4mm 银色米珠，再穿入 20 颗 2mm 银色米珠，将多余线头藏在其中。

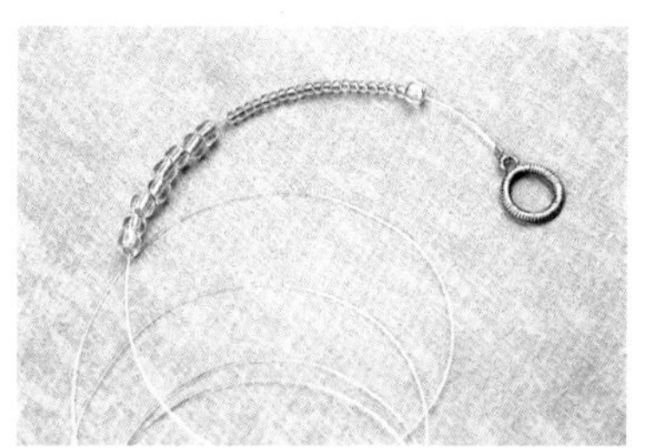

3. 穿入 8 颗 4mm 银色米珠。

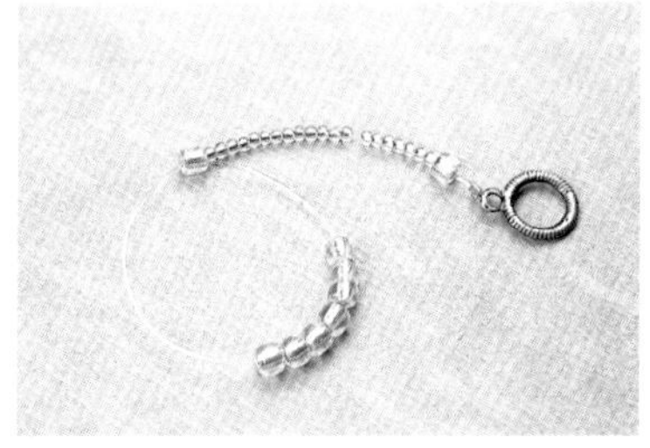

4. 回穿第一颗 4mm 银色米珠，成一个小环。

5. 穿入 1 颗 6mm 紫红色玻璃爆花珠。

6. 将线穿入银色米珠环上与第一颗对称的对面一颗米珠里。

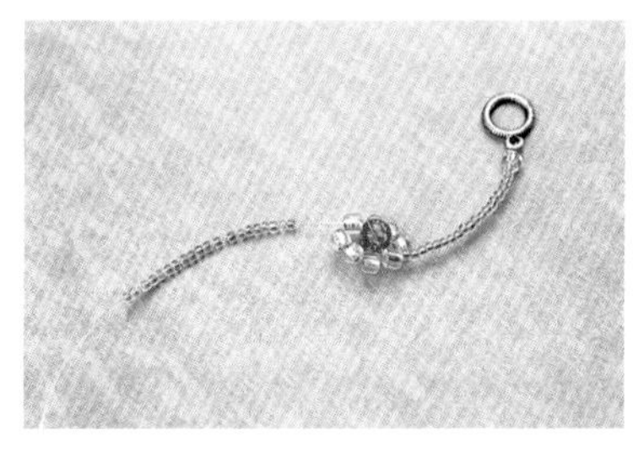

7. 拉紧调整好成形的小花。

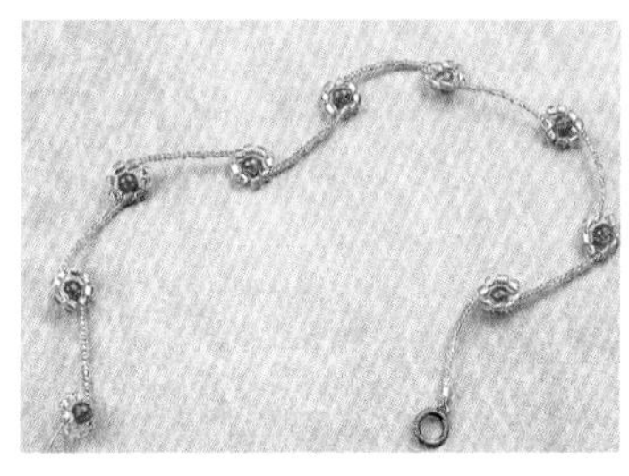

8. 重复 3 ~ 7 的步骤，直至链子达到想要的长度。

9. 结尾处装上一个链扣，用定位珠固定，链子完成。

夏日风情

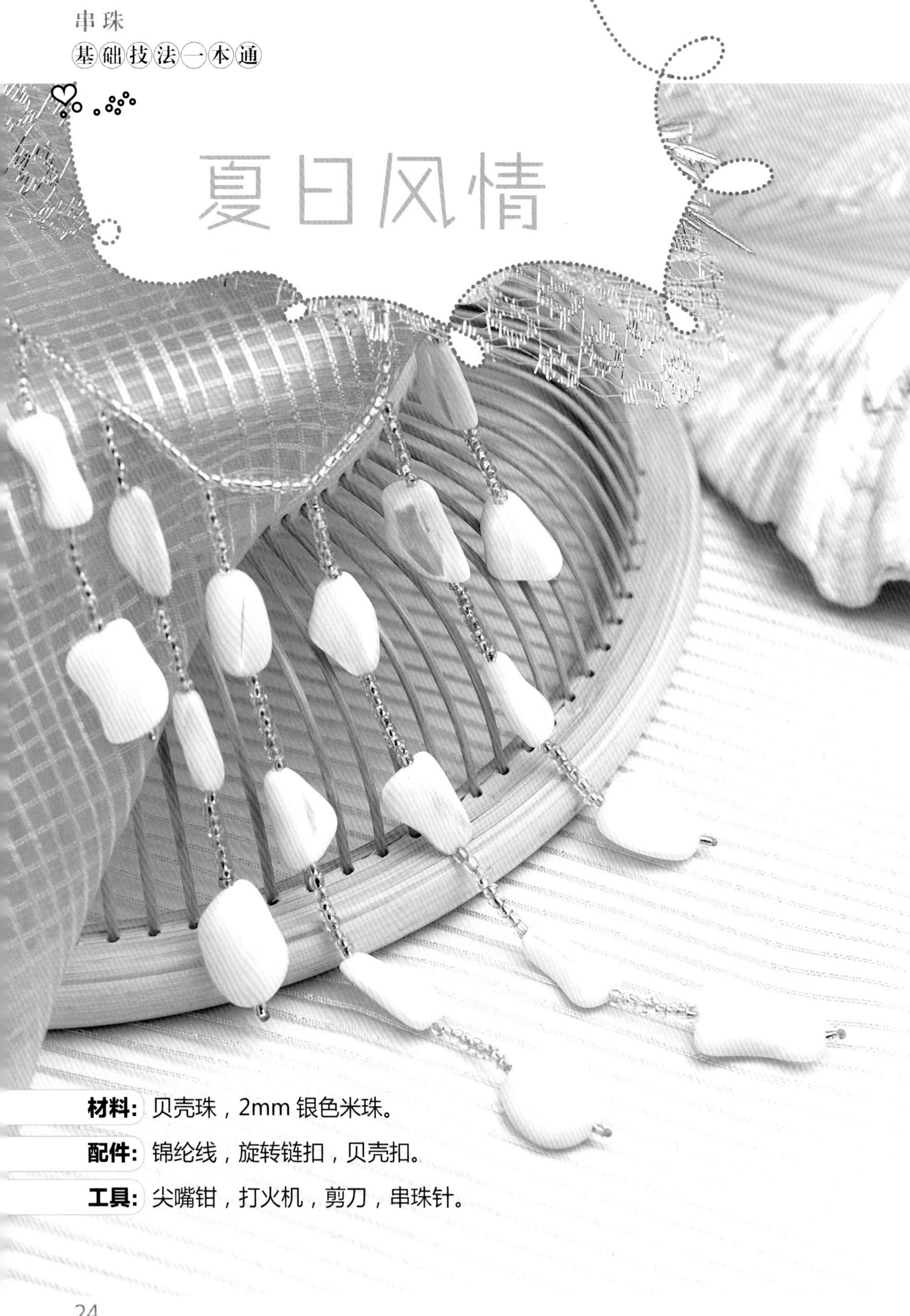

材料： 贝壳珠，2mm 银色米珠。

配件： 锦纶线，旋转链扣，贝壳扣。

工具： 尖嘴钳，打火机，剪刀，串珠针。

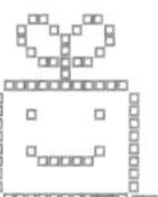

制 作 步 骤

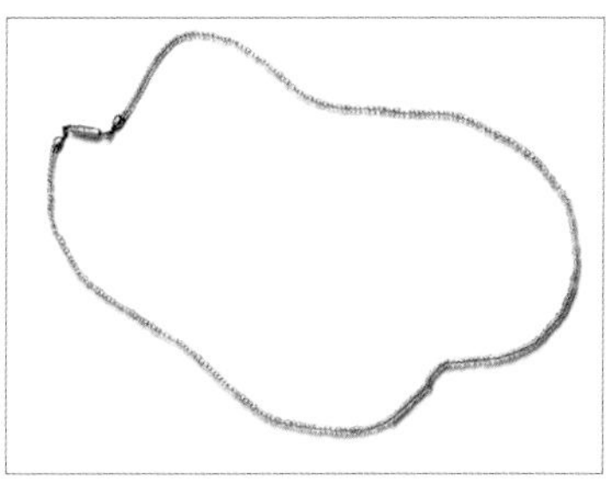

1. 用银色米珠做一条 40cm 长的主体链条，并装上链扣。

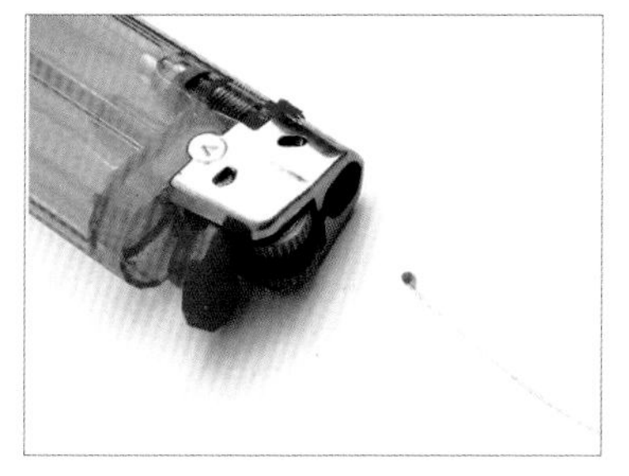

2. 取另一条锦纶线烧结线头。

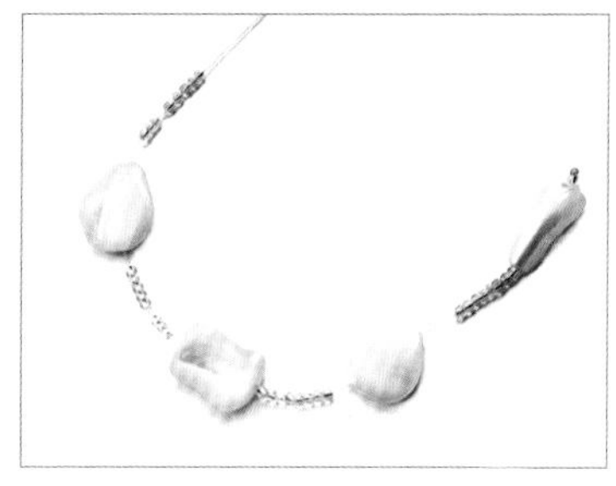

3. 在线上穿入一颗米珠，然后间隔穿入 4 颗贝壳珠，每两颗贝壳珠之间穿入 8 颗银色米珠。

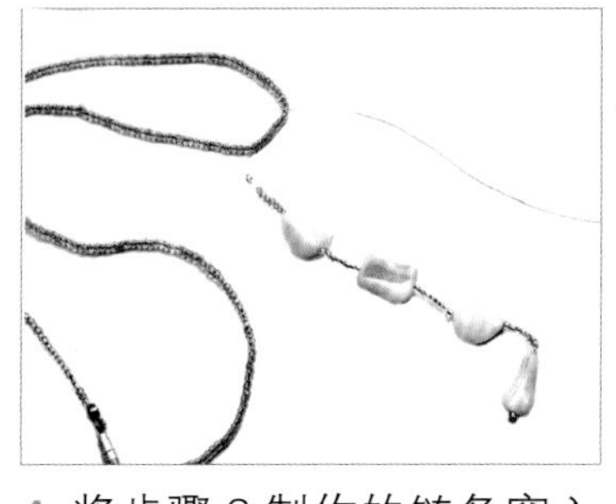

4. 将步骤 3 制作的链条穿入步骤 1 制作的主链条中间部分。线穿过主链上的 8 颗银色米珠。

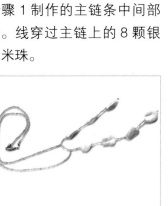

5. 在该线上继续穿入米珠和贝壳珠，一共穿 3 颗贝壳珠，每 2 颗贝壳珠之间穿入 8 颗银色米珠。最后 1 颗贝壳珠后穿入 1 颗银色米珠，用剪刀剪线，留下大概 1 ~ 2cm 线头，用打火机烧结。

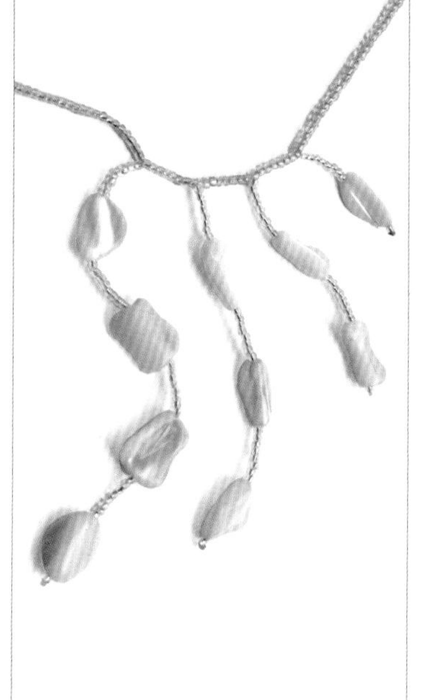

6. 再取一条锦纶线，以类似步骤 2、3 的方式穿入米珠和贝壳珠，但只穿 2 颗贝壳珠。重复步骤 4，主链上的线条出入口各间隔 8 颗米珠。接着穿入 8 颗米珠、1 颗贝壳珠、1 颗米珠，用剪刀剪线，留下大概 1 ~ 2cm 线头，用打火机烧结。

7. 另一边重复上面步骤，作品完成。

温馨提示

要保证坠链部分的美观稳固，烧结的结体要大小适宜，串珠线尽可能不要留出松散部分，以免暴露在外。

清清小溪

材料：4mm透明玻璃切面圆珠，2mm金色米珠，仿猫眼椭圆珠。

配件：一条1.5m的渔线，链扣，贝壳扣。

工具：剪刀，尖嘴钳。

制　作　步　骤

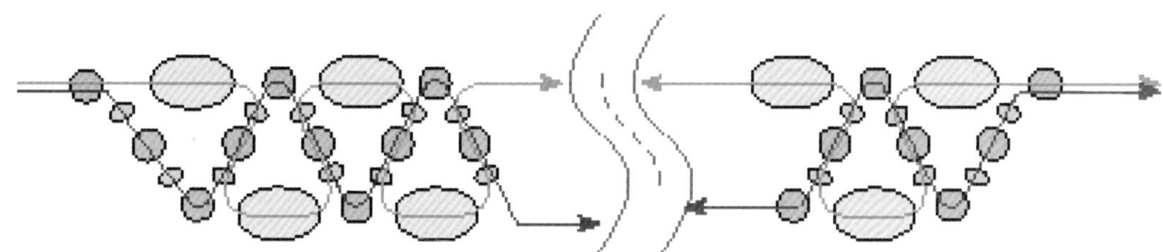

1. 将渔线对折安装贝壳扣，连接链扣。
2. 两线同时穿过 20 颗切面圆珠，中间间隔 19 颗金色米珠。
3. 一线穿过 1 颗椭圆珠，另一根线穿过 1 颗金色米珠、1 颗切面圆珠、1 颗金色米珠、1 颗切面圆珠，两线交错穿过 1 颗金色米珠、1 颗切面圆珠、1 颗金色米珠。
4. 步骤 3 中穿过椭圆珠的线继续穿 1 颗椭圆珠，另一根线穿过 1 颗切面圆珠，两线交错穿过 1 颗金色米珠、1 颗切面圆珠、1 颗金色米珠。
5. 重复步骤 4 共 14 次，穿过椭圆珠的线再穿 1 颗椭圆珠，另一根线穿入 1 颗切面圆珠、1 颗金色米珠、1 颗切面圆珠、1 颗金色米珠。
6. 两线一同穿 20 颗切面圆珠，中间间隔 19 颗金色米珠，结尾处安装贝壳扣、连接链扣，作品完成。

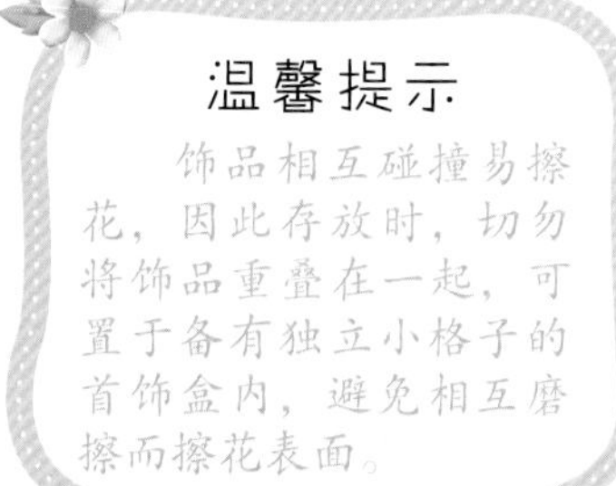

温馨提示
饰品相互碰撞易擦花，因此存放时，切勿将饰品重叠在一起，可置于备有独立小格子的首饰盒内，避免相互磨擦而擦花表面。

热风

材料： 6mm 深红色玻璃角珠，3mm 银色米珠。

配件： 渔丝线 1.5m 2 条，方形双孔链扣，贝壳扣。

工具： 剪刀，尖嘴钳。

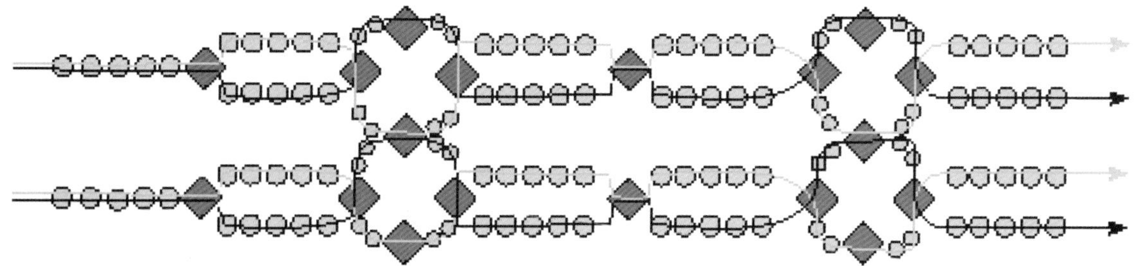

1. 将其中一条渔丝线对折安装到贝壳扣，连接链扣其中一个接环。

2. 两端线头一起穿入 5 颗米珠、1 颗角珠。

3. 两线各穿 5 颗米珠，交错穿过 1 颗角珠，再各穿 2 颗米珠、1 颗角珠、2 颗米珠，再交错穿 1 颗角珠。

4. 两线各穿 5 颗米珠，然后一起穿过 1 颗角珠。

5. 重复步骤 3、4 共 7 次，然后两线一起穿过 5 颗米珠，线尾安装贝壳扣，连接到方形链扣另一端对应连接环上，一条链条就完成了。

6. 依照上述步骤完成另外一条链条，注意与已完成链条的对应珠子相交连接，作品完成。

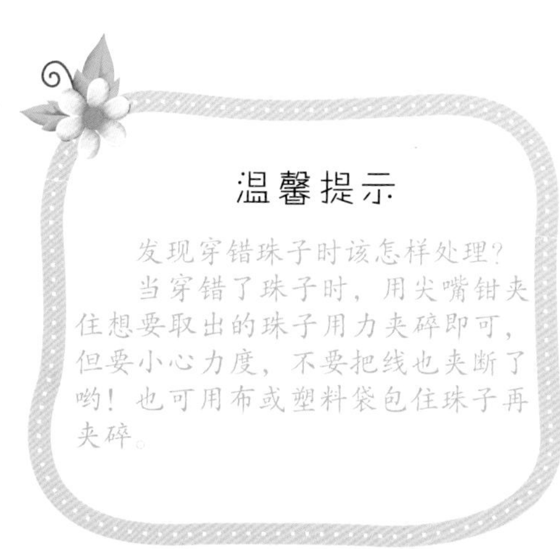

温馨提示
发现穿错珠子时该怎样处理？
当穿错了珠子时，用尖嘴钳夹住想要取出的珠子用力夹碎即可，但要小心力度，不要把线也夹断了哟！也可用布或塑料袋包住珠子再夹碎。

黑色幽默

材料： 3mm 黑色烤漆米珠，2mm 黑色烤漆米珠。

配件： 黑色锦纶线，旋转链扣，贝壳扣，定位珠。

工具： 打火机，尖嘴钳，剪刀。

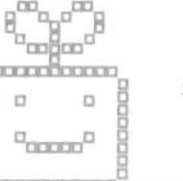

制 作 步 骤

1. 在黑色锦纶线上穿入 1 颗小米珠，并将线两端穿入贝壳扣内。

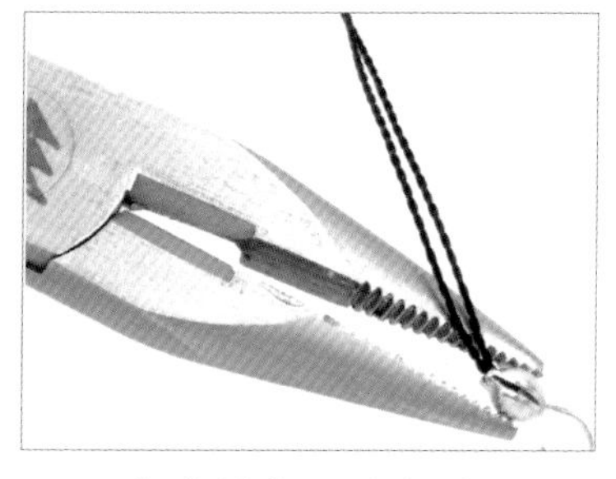

2. 用尖嘴钳将贝壳扣合上。

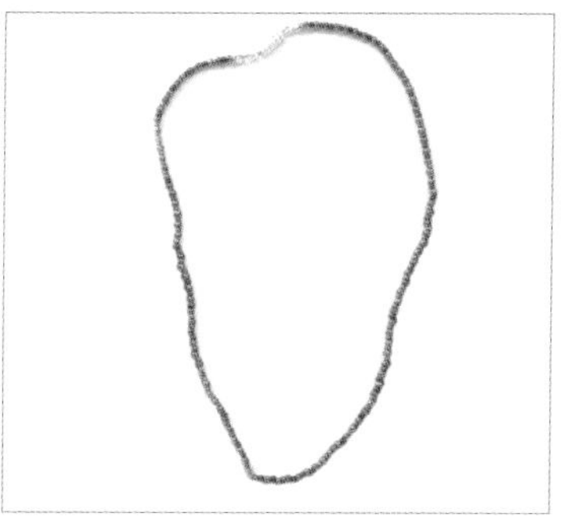

3. 在锦纶线上间隔穿上 3mm 和 2mm 黑色烤漆米珠制作主链，珠链部分长为 35 ~ 45cm。结尾处穿过贝壳扣，打结，再以打火机烧熔线头，然后，以尖嘴钳合上贝壳扣，最后装上旋转链扣。

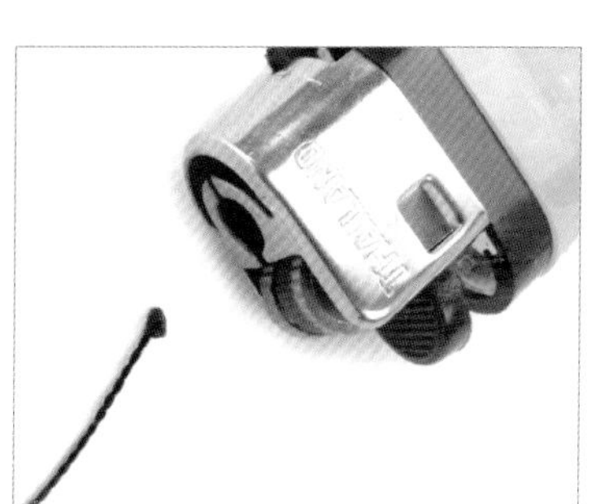

4. 取一条 30cm 左右长的黑色锦纶线，用打火机烧黑色锦纶线一端，熔结成小小圆珠。

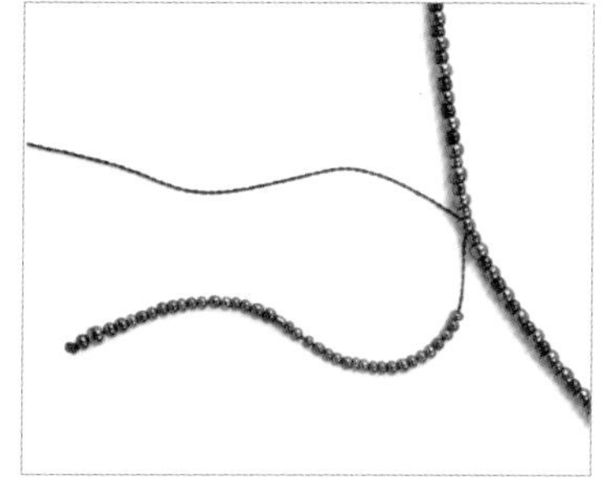

5. 穿上 1 颗 2mm 黑色烤漆米珠，再穿 1 颗 3mm 黑色烤漆米珠，之后再穿一定数量的 2mm 黑色烤漆米珠，珠链长短自定。将珠链穿过上面主链的其中 1 颗 3mm 米珠。

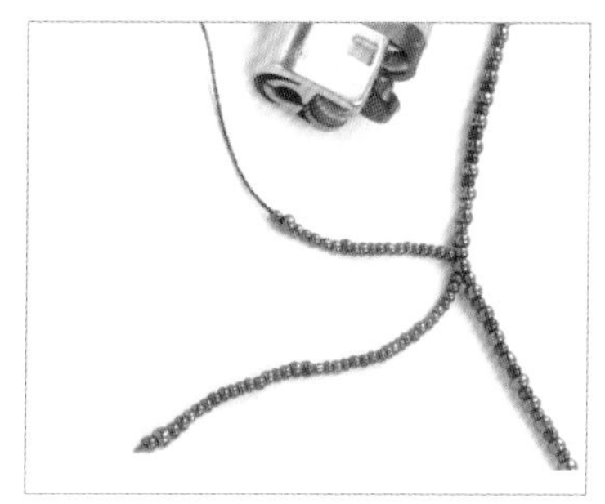

6. 继续在剩余的线上穿一定数量的2mm黑色烤漆米珠，结尾处穿 1 颗 3mm 的，再穿 1 颗 2mm 的，最后以打火机烧结。

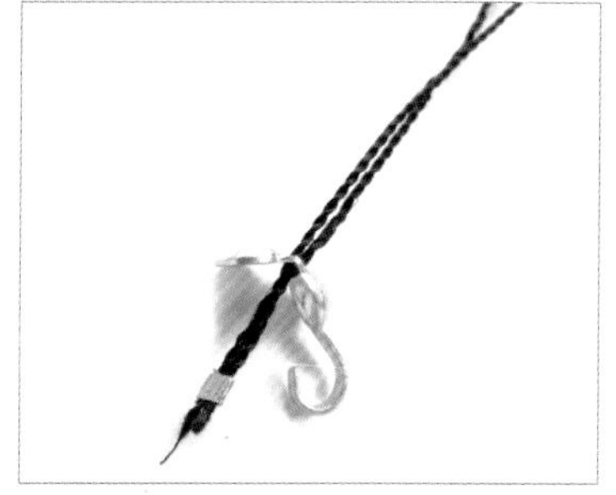

7. 重复 5 ~ 6 的步骤，直至作品完成。

温馨提示

贝壳扣适合用来收藏线头以保持作品美观。除了可以用米珠卡线外，也可以用定位珠夹住线尾藏于其中，也可直接打一团线结藏在里头。线结要足够大，太小了容易从贝壳扣里漏出来。由于贝壳扣的出线口在折合接缝处，所以不能藏过多线头，否则闭合困难，而且不好看。

孔雀女神

材料： 蓝色、橙色、褐色木珠，金属圆珠，8mm 金属灯笼珠，蓝色米珠，金属隔孔珠，蝴蝶形铜片，米黄色大贝壳，不规则茶色椭圆珠。

配件： 褐色皮绳，大单圈，9 针，龙虾扣，夹片，调节链。

工具： 圆嘴钳，剪刀。

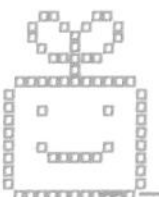

制　作　步　骤

1. 用 9 针将 8mm 灯笼珠和米珠穿起来，制作成配件 A。
2. 将配件 A 和蝴蝶形铜片用大单圈挂在大贝壳的各个小孔上。
3. 截取一段长度适合的皮绳，对折，并将对折端绑在大贝壳上。
4. 两线共同穿入一颗褐色木珠后，分别按顺序穿入不同的珠子（如图 1）。
5. 珠子穿完后，将皮绳打结，防止珠子滑落。
6. 最后将皮绳的末端用夹片固定住，接上龙虾扣和调节链即可。

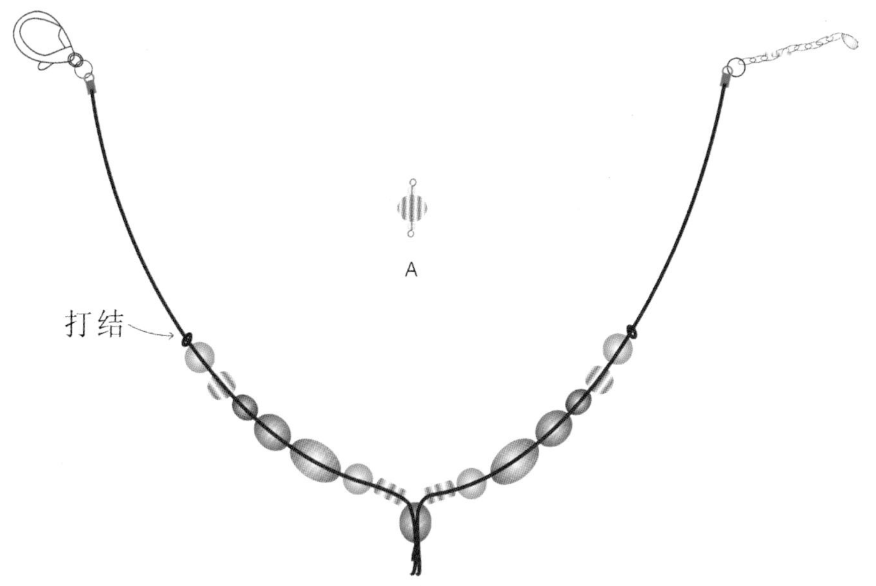

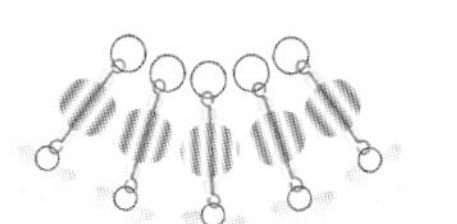

图1

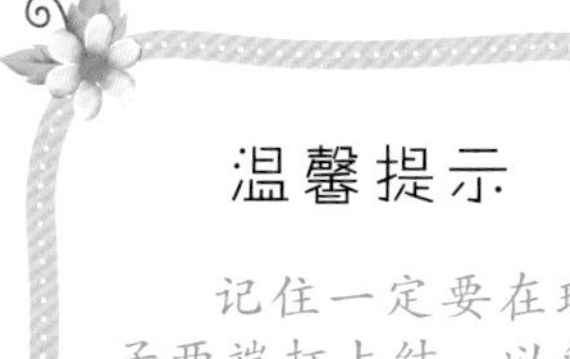

温馨提示

记住一定要在珠子两端打上结，以免珠子随意滑动。

海水正蓝

材料： 蓝色、橙色木珠，金属隔孔珠，蓝色心形珠，4mm 黄色、茶色米珠，蝴蝶形、圆形铜片，橙色圆环。

配件： 黑色绳头，大单圈，9 针，古铜色五角星配件。

工具： 圆嘴钳，剪刀。

制作步骤

1. 用9针将心形珠和米珠穿起来，制作成配件A、B。

2. 用大单圈将制作好的配件和蝴蝶形、圆形铜片、橙色圆环按图1的方法挂在五角星配件上。

3. 截取2段长度适合的绳头，对折，并将对折端绑在五角星配件上。

4. 两线分别按顺序穿入不同的珠子，珠子穿完后，将皮绳打结，防止珠子滑落。（如图1）

5. 另取2段长度相同的绳头，直接绑在步骤3中的绳头上即可。

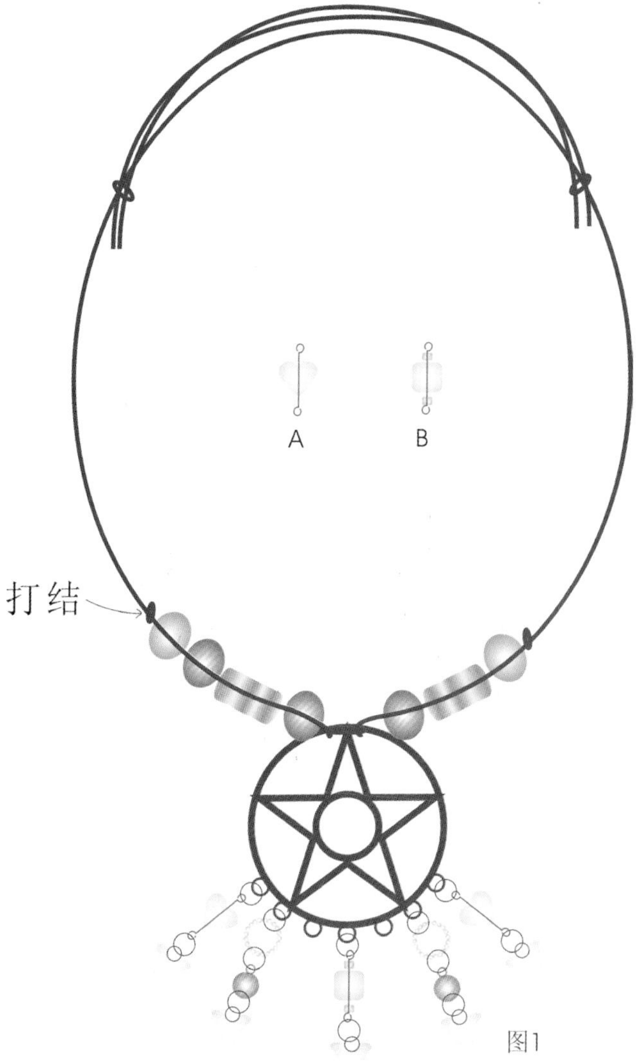

A

B

打结

图1

温馨提示

五角星上的配件可根据自己的喜好来选择。

翩翩蝶舞

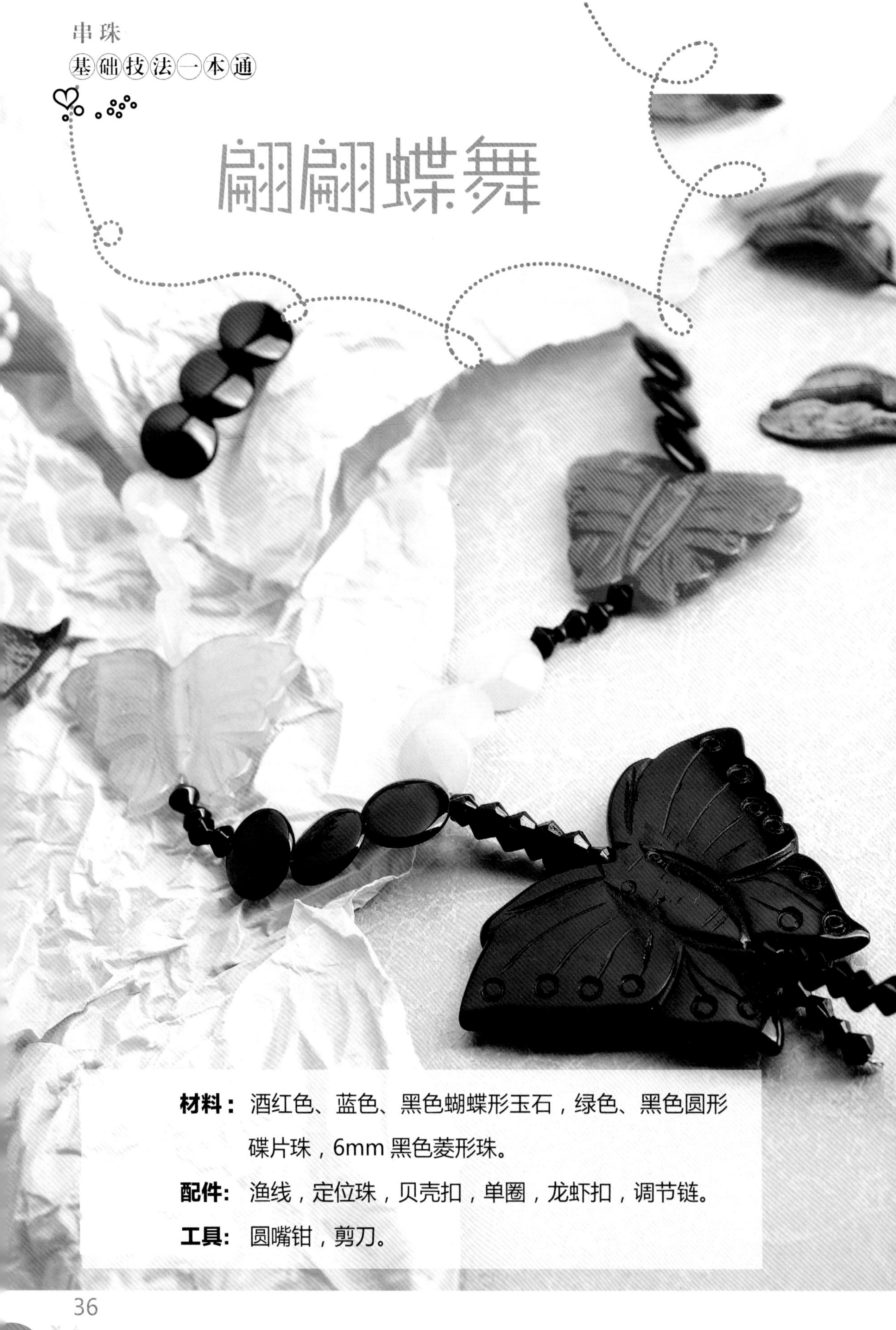

材料： 酒红色、蓝色、黑色蝴蝶形玉石，绿色、黑色圆形碟片珠，6mm 黑色菱形珠。

配件： 渔线，定位珠，贝壳扣，单圈，龙虾扣，调节链。

工具： 圆嘴钳，剪刀。

1. 截取 2 段渔线，用贝壳扣分别将 2 条线的一端固定住。

2. 2 条线各自按相同的顺序，将菱形珠、碟片珠和酒红色、蓝色蝴蝶形玉石串好。

3. 然后 2 条线共同穿过黑色蝴蝶形玉石，再分别串入一定数量的菱形珠，并用定位珠将其固定，防止菱形珠滑落。

4. 最后加上龙虾扣和调节链，一款漂亮的蝴蝶项链就制作完成了。

温馨提示

两边的蝴蝶形玉石可换成同一种颜色的。

海洋之花

材料：各色米珠，绿色花瓣形贝壳，淡蓝色圆形碟片珠，8mm 猫眼石。

配件：渔线，定位珠，贝壳扣，单圈，龙虾扣，调节链。

工具：圆嘴钳，剪刀。

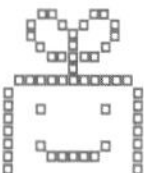

制作步骤

1. 截取 2 段长度相同的渔线，并用贝壳扣分别将 2 条线的一端固定住。

2. 2 条线各自按相同的顺序及长度，穿入各色米珠、碟片珠和猫眼石，直至适合的长度。

3. 然后 2 条线再共同穿入猫眼石、碟片珠和红色米珠（长度可按自己喜好来穿）。

4. 2 条线分开，各自穿入约三四颗米珠后，将绿色花瓣形贝壳串好，并将渔线打结，线头藏于珠中即可。

5. 最后接上龙虾扣和调节链，项链就制作完成了。

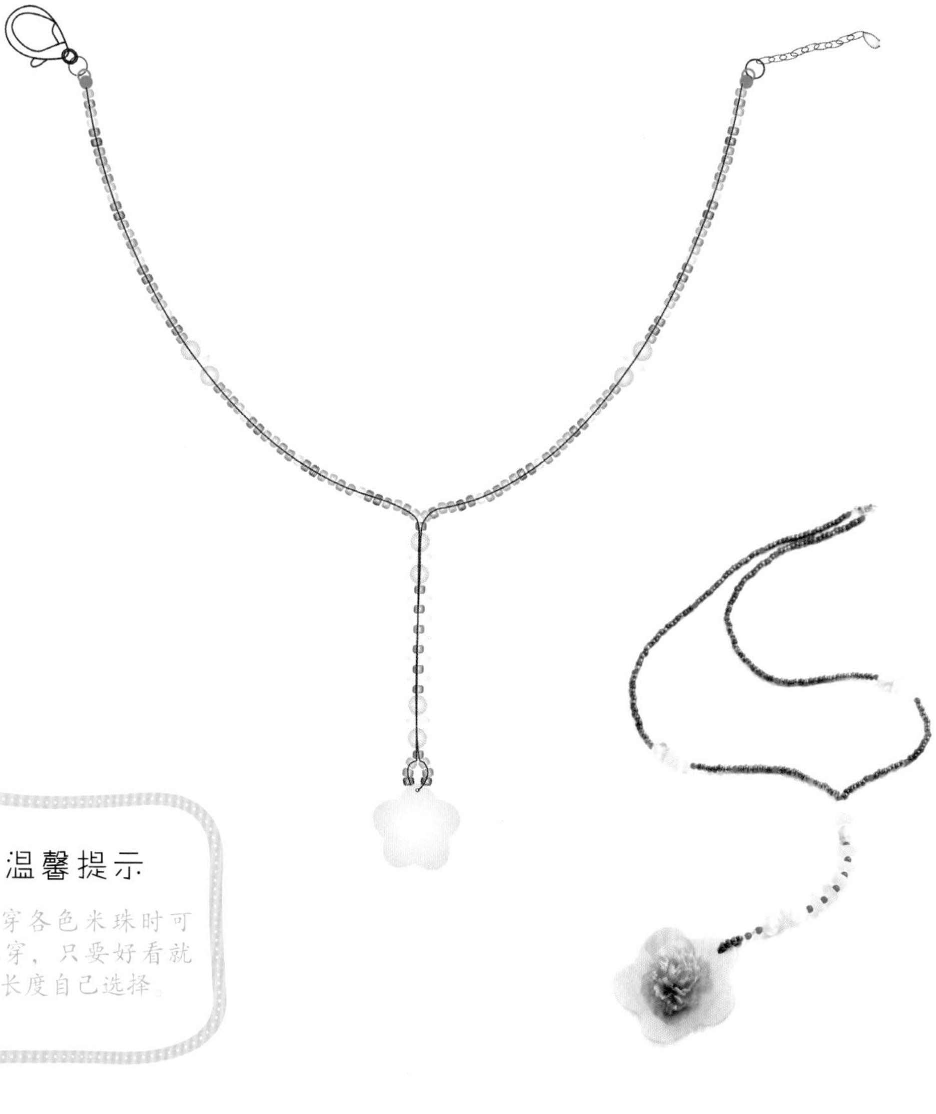

温馨提示

穿各色米珠时可随意穿，只要好看就行，长度自己选择。

曼妙
材料：白色米珠，10mm 彩色人工珍珠
12mm 彩色磨砂珠，金色编织珠
配件：米色假花，渔线，单圈，链扣，
虾扣。
工具：剪刀，圆嘴钳。

制 作 步 骤

1. 取 2 条约 100cm 长的渔线，全部穿上白色米珠，将 2 条米珠链的一端扣在同一个链扣上固定，另一端也是如此，做成第一组链。
2. 另取一条约 75cm 长的渔线，全部穿上白色米珠。
3. 再取一条 80cm 的渔线，在中间先穿一小段白色米珠，两端分别穿入 2 颗彩色人工珍珠，中间夹 1 颗彩色磨砂珠，再穿一小段米珠，在线的一端穿 1 颗蓝色磨砂珠，另一端穿入 4 颗不同颜色的彩色人工珍珠。
4. 两端分别穿一条白色米珠，一端将一朵假花用胶固定在线上，另一端先穿 1 颗紫色珍珠和 1 颗绿色磨砂球，再穿入 1 颗金色编织珠，再穿 1 颗蓝色磨砂珠和 1 颗粉红色人工珍珠。
5. 两端再穿一段米珠，再分别穿入 2 颗彩色人工珍珠，中间夹 1 颗彩色磨砂珠，其余全部穿上白色米珠。
6. 将穿好的 75cm 的米珠链和 80cm 的珠链，一端用同一个链扣固定，另一端也是如此，成为第二组链。
7. 将弄好的两组珠链端用同一个单圈连接，一端再连接上龙虾扣，一款清新缤纷的项链即制作完成了。

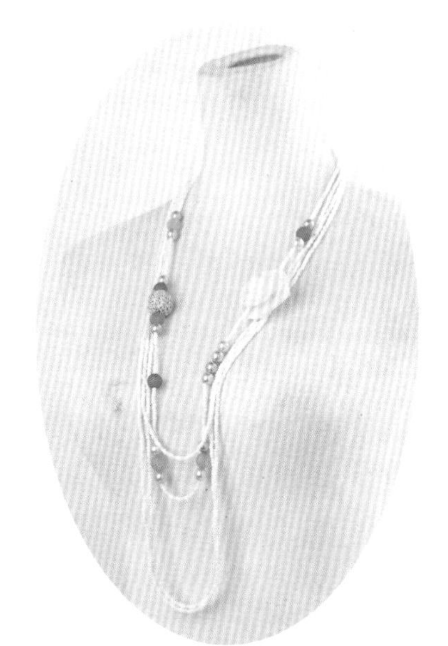

温馨提示

这款项链选取的珠子在色彩上较为柔和，带给人温柔婉约的印象，适合淑女气质的人佩戴。

花瓣雨

材料： 鹅黄色水滴珠，蓝色长切面珠，橙色五角形珠，酒红色、淡紫色花瓣珠，黄色磨砂银白色磨砂珠，翡翠色碟片珠，大红圆米珠。

配件： 渔线，定位珠，贝壳扣，单圈，龙虾扣，调节

工具： 圆嘴钳，剪刀。

1. 截取一段长度合适的渔线，对折，并在对折端穿入一颗大红圆珠。

2. 另取两段稍短的渔线，共同穿过步骤 1 中渔线的对折端过半，并将四股线分别穿满米珠，末端用贝壳扣和定位珠固定，项链的流苏端即完成。

3. 然后串项链的上边部分，具体穿法和顺序可参照图中的方法。

4. 将珠子穿完后，用贝壳扣和定位珠将线头固定，接上龙虾扣和调节链，一款时尚漂亮的项链就做好了。

温馨提示

流苏的穿法可参照图中的顺序，也可根据个人喜好来穿。

五层链

材料: 彩色米珠，6mm 淡黄色菱形珠，米白色椭圆长珠，8mm 黄白相间玉石，玉米黄椭圆石。

配件: 渔线，龙虾扣，单圈，锁头，贝壳扣，定位珠。

工具: 圆嘴钳，剪刀。

制　作　步　骤

1. 截取五段长度不等的渔线，并将5条线的一端分别用贝壳扣和定位珠固定住。

2. 最短的一条渔线穿入彩色米珠和淡黄色菱形珠，如图，直至将渔线穿满，末端用贝壳扣和定位珠固定住。

3. 第二条渔线穿入彩色米珠和米白色椭圆长珠，直到穿满渔线，也将末端用贝壳扣和定位珠固定起来。

4. 第三、第四和第五条渔线也用同样的方法将各种珠子穿满，末端用贝壳扣和定位珠固定起来。

5. 将5条穿好的珠链分别按从短到长的顺序，连接在锁头上，两端接上龙虾扣与单圈，一款项链即制作完成了。

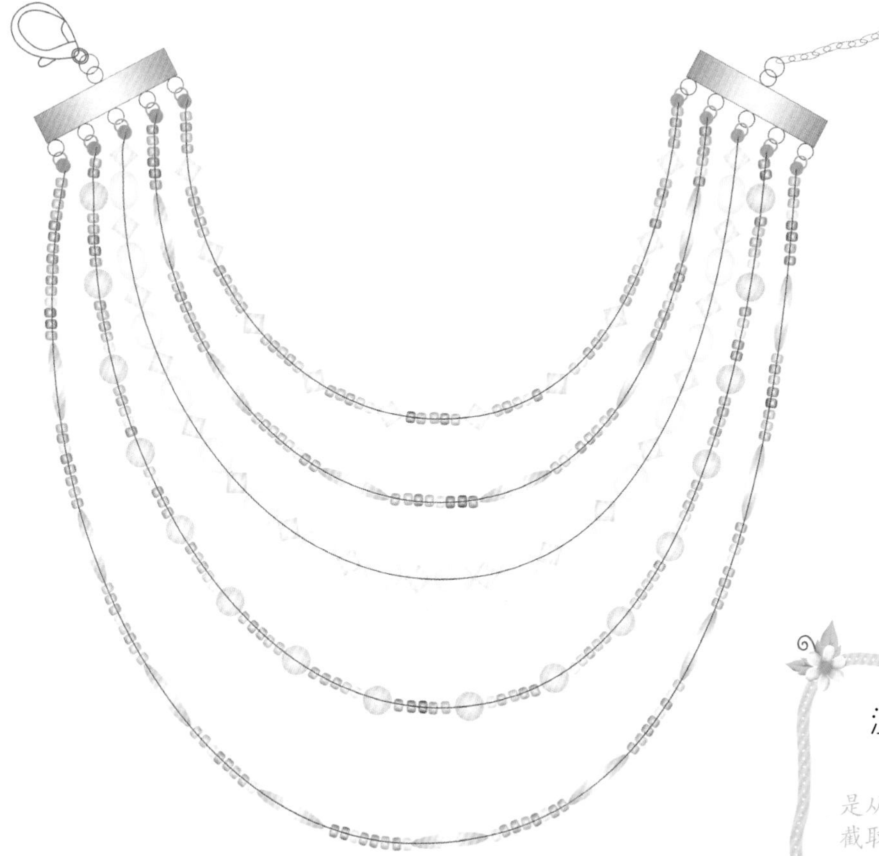

温馨提示

5条线的长度是从短到长，不要截取一样长的。

清新

材料： 4mm淡绿色水晶角珠，6mm米黄色水晶珍珠，4mm白色、浅蓝色、蓝色水晶角珠。

配件： 记忆钢线（手环）。

工具： 尖嘴钳。

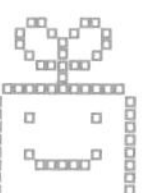

制　作　步　骤

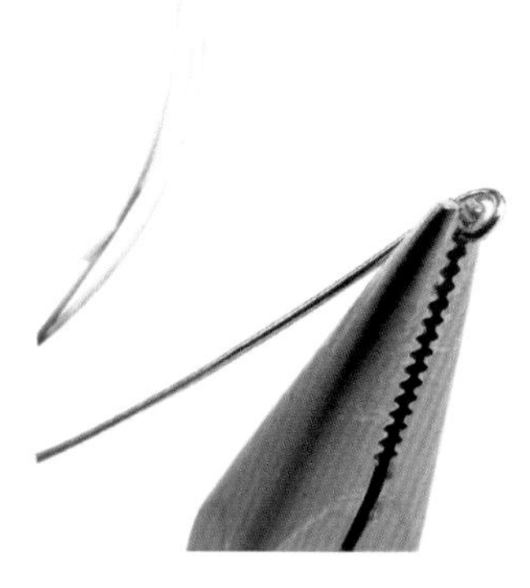

1. 用尖嘴钳在记忆钢线末端弯一个小圈。

2. 依次穿入水晶角珠和水晶珍珠，每 5 颗水晶角珠隔 1 颗水晶珍珠。

3. 穿足够长度后，用尖嘴钳在记忆钢线末尾紧挨着珠子弯一个小圈。

4. 作品完成。

温馨提示

珠子之间要紧凑，不要在中间部分露出钢线，否则会影响美观。弯记忆钢线时，要小心，尽量不要把钢线切口正对顶住珠子，以免对珠子造成损伤。

春花秋月

材料: 4mm 透明玻璃圆珠，三分罗纹管珠（银色或浅蓝色）。

配件: 记忆钢线（手环）。

工具: 尖嘴钳，剪钳。

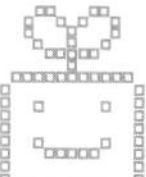

制 作 步 骤

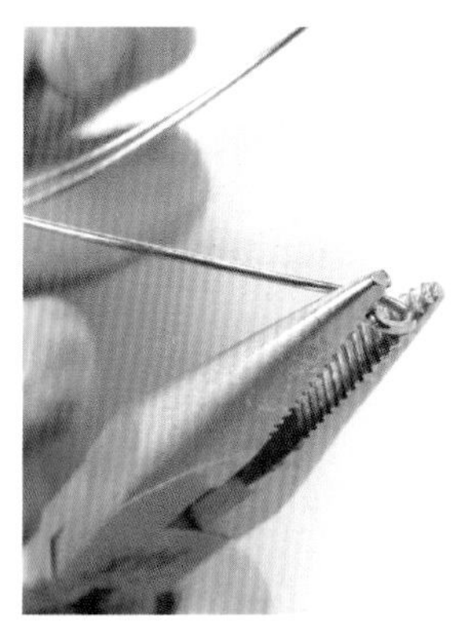

1. 用尖嘴钳在记忆钢线末端弯一个小圈。

2. 按图依次穿入玻璃圆珠和三分罗纹管，每5颗三分罗纹管隔1颗玻璃圆珠。

3. 穿足够长度后，用剪钳剪去多余钢线，再用尖嘴钳在记忆钢线末尾紧挨着珠子弯一个小圈。

4. 作品完成，可根据个人喜好选用不同色彩的管珠，制作风格各异的手镯。

温馨提示

珠管不要选择过长的，记忆钢线本身有一定弧度，过长的珠管使得记忆钢线无法穿入，即使穿入也会影响钢线圈的大小。另外，珠管比较脆弱，条件可以的话，开始和结束都用玻璃圆珠挨着钢线弯出的小圈，以免钢线直接压迫珠管。

蓝调

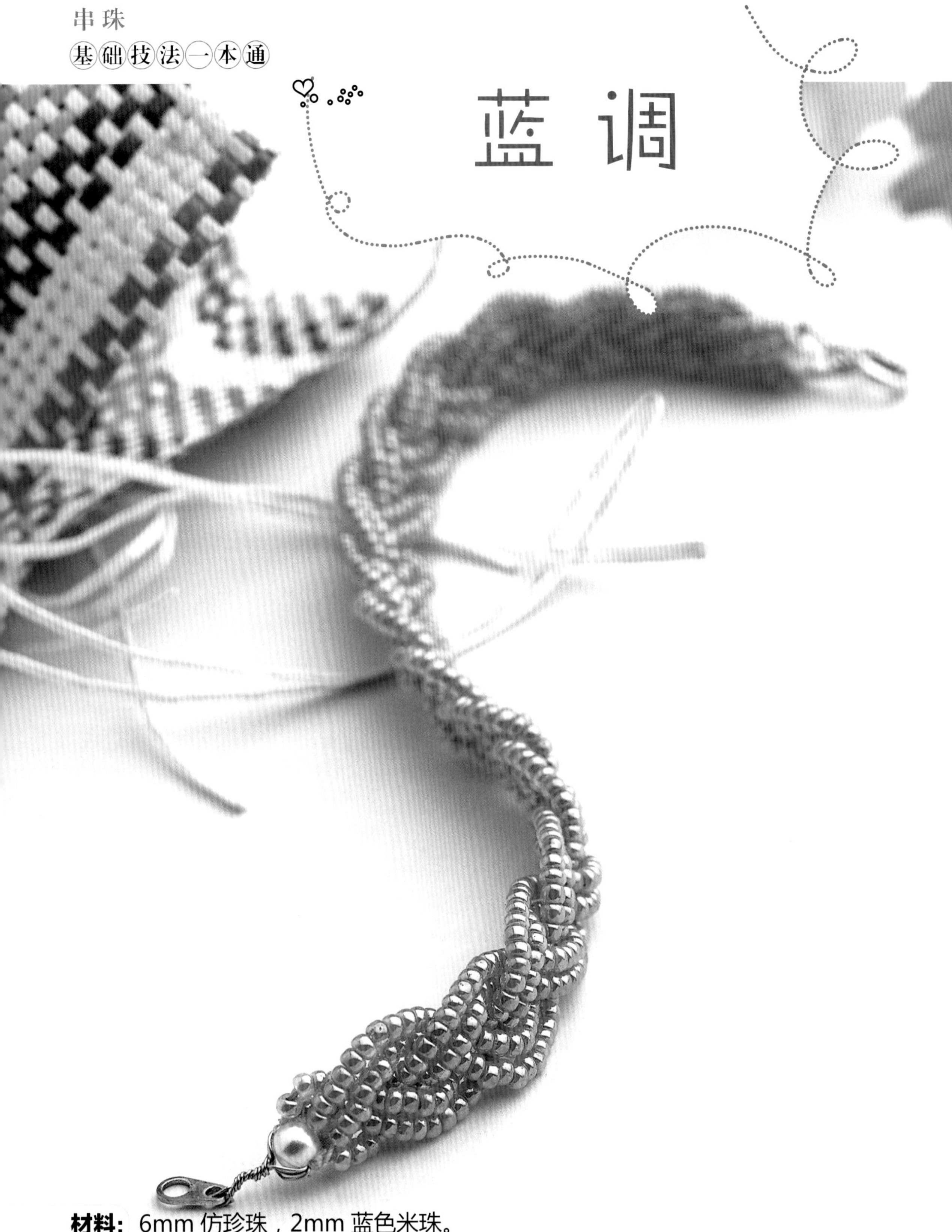

材料： 6mm 仿珍珠，2mm 蓝色米珠。

配件： 60cm 白色锦纶线 3 条，链扣，T 针（或硬度粗细相当的金属线）。

工具： 剪刀，尖嘴钳，打火机。

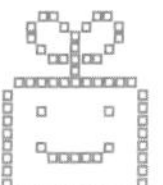

制　作　步　骤

1. 将3条锦纶线穿过仿珍珠，并将仿珍珠推到线的中央，其中1条锦纶线紧挨着仿珍珠两端打结，形成3股共6条线。

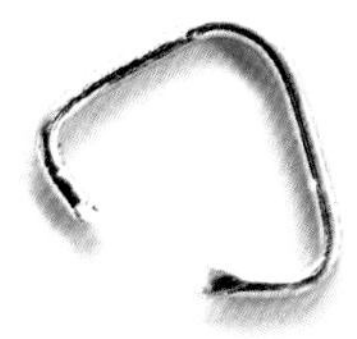

2. 将T针剪去圆头，用尖嘴钳弯折成图中形状。

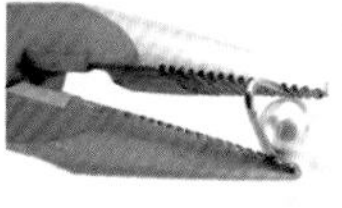

3. 将刚做的三角扣安装到仿珍珠上。

4. 在6条线上都穿上2mm蓝色米珠，大概每条长为20cm，结尾处各股两两打结。

5. 如图以结辫子的方法将3股链子编成一条。

6. 将6个线头分成2股交互穿入一颗6mm仿珍珠中，重复步骤2制作三角扣安装到仿珍珠上。

7. 剪去多余线头并烧结。作品完成。

温馨提示

由于有多股线要经过仿珍珠，所以要挑选珠孔特别大的仿珍珠，也可用其他类型的珠子代替。编辫子链时要注意理顺平整不要相互扭结，链子完成后可以继续调整。

三瓣花

材料: 2mm 银色米珠，3mm 银色米珠，紫色水滴形玻璃珠。

配件: 渔线，链扣，定位珠。

工具: 剪刀，尖嘴钳。

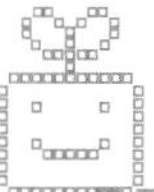

制 作 步 骤

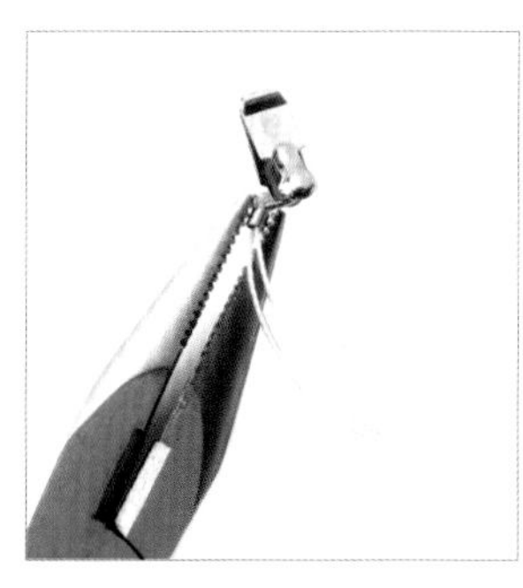

1. 将渔线穿入链扣连接环内，两端对折套上定位珠，用尖嘴钳夹紧。

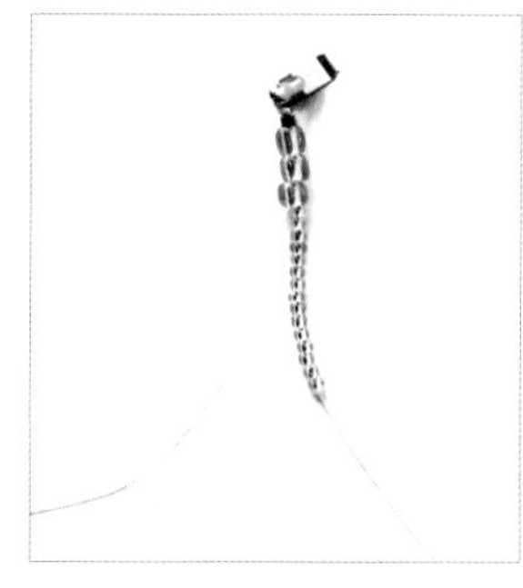

2. 两线一起穿过 3 颗 3mm 银色米珠，其中一端线上穿入 15 颗 2mm 银色米珠。

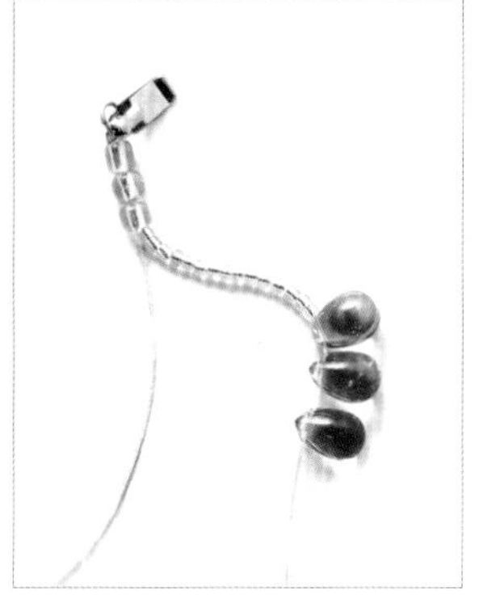

3. 再穿入 3 颗紫色水滴形玻璃珠。

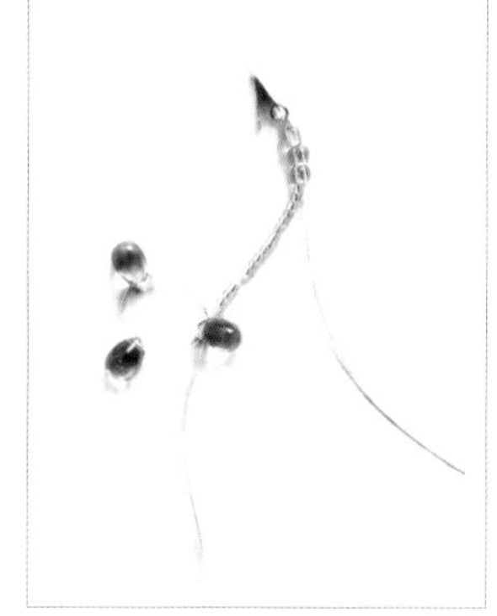

4. 如图反穿到第一颗紫色水滴形玻璃珠。

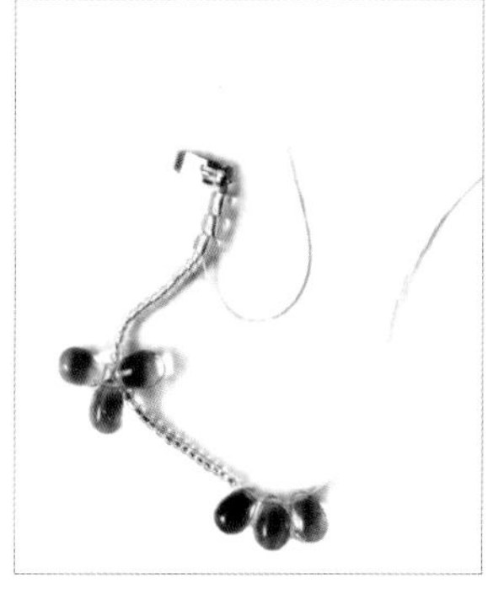

5. 拉紧线，继续穿 15 颗 2mm 银色米珠、3 颗紫色水滴形玻璃珠。

6. 如步骤 4，反穿第一颗紫色水滴形玻璃珠，拉紧线。

7. 重复以上步骤直到链条足够长，另一端线也这样穿好，使用定位珠装上链扣。作品完成。

温馨提示

多链条组合的作品，可以通过合适的金属配件，将线头线结收藏起来。除了传统的专用链扣头外，一些花托也可以充当最佳掩饰。

蓝色蕾丝

材料： 4mm 蓝色玻璃角珠，2mm 银色米珠。

配件： 渔线 100cm，旋转链扣。

工具： 剪刀，尖嘴钳。

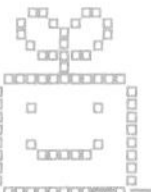

制作步骤

1. 依次穿入1颗蓝色玻璃角珠、4颗银色米珠、3颗蓝色玻璃角珠、3颗银色米珠。

2. 将线如图回穿，拉整线，一端留下约10cm线尾固定，一端继续串珠。

3. 继续穿入2颗蓝色玻璃角珠、3颗银色米珠。

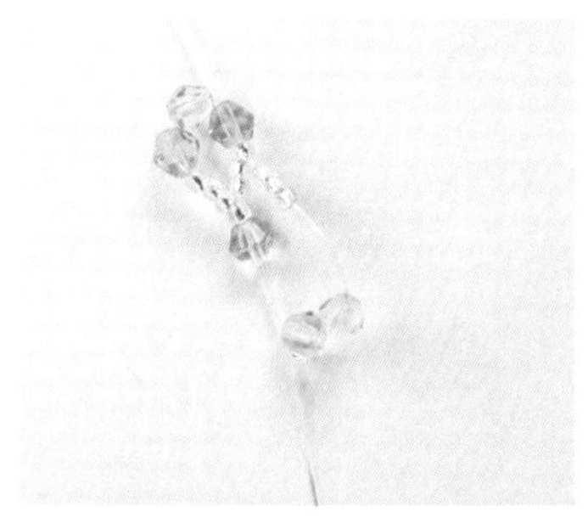

4. 将线回穿过图中所示的蓝色玻璃角珠。

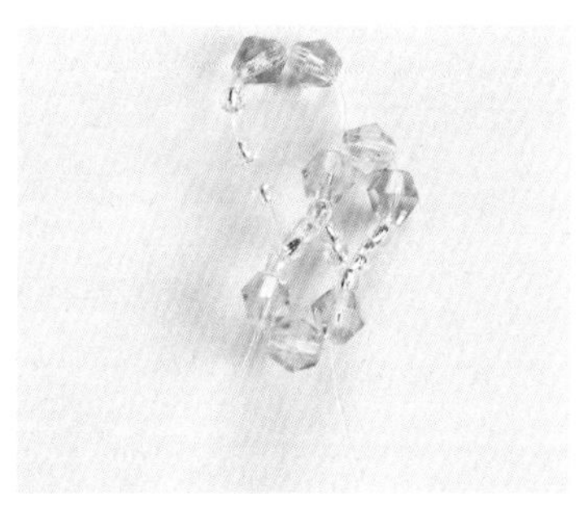

5. 如图继续串珠、回穿、拉整渔线。

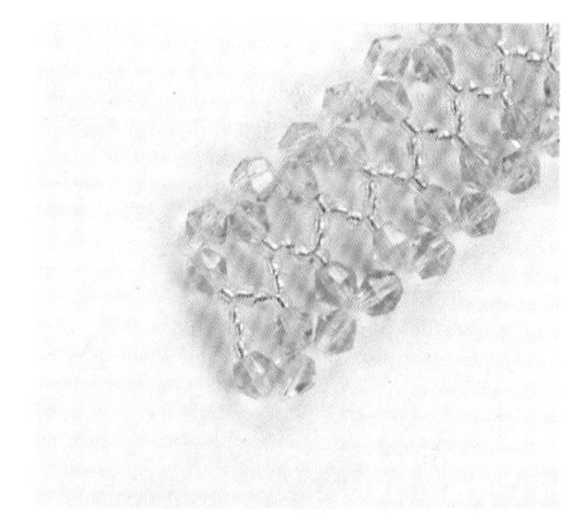

6. 重复步骤3～5至足够长度，如图穿入7颗银色米珠，将线回穿过图中所示的蓝色玻璃角珠内。

7. 拉整线，在不显眼处打结固定，然后，将多余线头按线路回穿到珠子里。

8. 将旋转链扣装到链条上。作品完成。

温馨提示

这种装链扣法如果碰上连接环不能打开的链扣，可以用一个小单圈作连接过渡，但要小心链扣必须与链条保持平整，因为加上小单圈后，有些链扣可能会侧竖起来，这样就不好看了。

熠熠夺目

材料： 4mm 茶色米珠，8mm 茶色菱形珠。

配件： 记忆钢圈，二孔隔片。

工具： 圆嘴钳。

制 作 步 骤

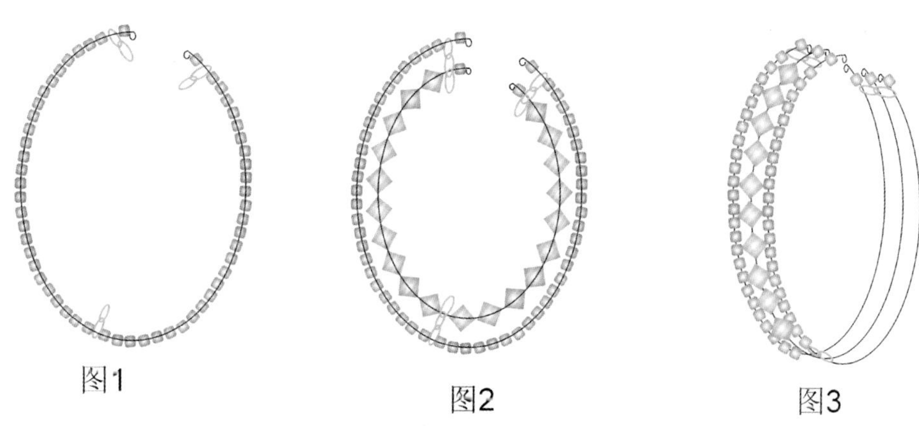

图1　图2　图3

1. 截取三段记忆钢圈，长度依个人手腕粗细而定，并用圆嘴钳将记忆钢圈的一端扭成“C”形。
2. 其中一条记忆钢圈穿入一颗米珠和一个二孔隔片后，再穿入米珠，直到将整条记忆钢圈穿满。
3. 参照图 2 的穿法，将菱形珠穿入第二条记忆钢圈中。
4. 以同样的方法穿好另一条记忆钢圈，手链即制作完成。

温馨提示

中间与末端都要穿入一个二孔隔片。

猫眼石手链

材料： 12mm 粉色猫眼石珠，8mm 粉色猫眼石珠，6mm 淡绿色、淡蓝色猫眼石珠，4mm 银白色金属珠，各色碟片形猫眼石珠。

配件： 记忆钢圈，钢管，花托，调节链，龙虾扣，单圈。

工具： 圆嘴钳。

1. 截取一段记忆钢圈，长度依个人手腕粗细而定，将一端扭成“C”形。

2. 然后将钢管和各种珠子参照图中的顺序依次穿入记忆钢圈中，并将记忆钢圈末端也扭成“C”形。

3. 最后用单圈将龙虾扣与调节链连接在穿好珠子的记忆钢圈上，一款简单且彩色丰富的手链就做好了。

温馨提示

沐浴时的香气、游泳中的氯气、海水中的盐分，都会对饰品的镀层造成蚀痕，它们会导致饰品黯淡无光甚至发黑，所以，要避免饰品与发胶、香水、护肤品、肥皂等化学品放在一起，洗手、洗脸、洗澡或游泳前应将饰物全部卸除。

海之心

材料： 紫色花形切面珠，4mm 透明菱形珠，6mm 白色菱形珠。

配件： 金丝链，单圈，定位珠，调节链，弹簧扣。

工具： 圆嘴钳，剪刀。

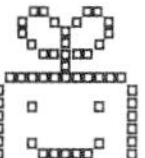

制 作 步 骤

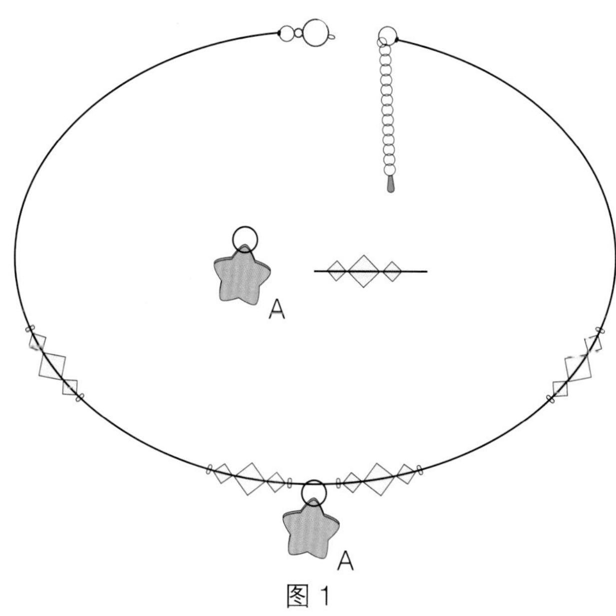

图 1

1. 将紫色花形切面珠用单圈穿好，做成配件 A。

2. 取一段适当长度的金丝链，中间穿入配件 A。

3. 如图所示，配件 A 两端再各穿入 2 颗 4mm 白色菱形珠、中间夹 1 颗 6mm 白色菱形珠，两边均用定位珠固定，两边再各穿两组。

4. 在金丝链一端用单圈接上一段调节链，另一端用单圈接上弹簧扣，一款清新带着神秘色彩的手链就制作完成了。

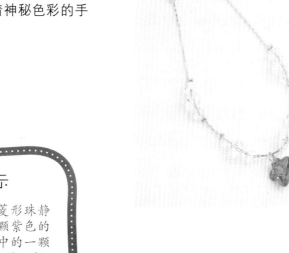

温馨提示

白色纯洁的菱形珠静静地排列着，一颗紫色的花形珠仿佛海洋中的一颗宝石，闪耀夺目，光芒四射，制作过程简单，排列有序，清新中带着灵动的气息。

粉红水滴

材料：白色椭圆形石珠，粉红色水滴形切面珠，4mm 透明菱形珠。

配件：金丝链，花托，定位珠，单圈，调节链，弹簧扣。

工具：圆嘴钳，剪刀。

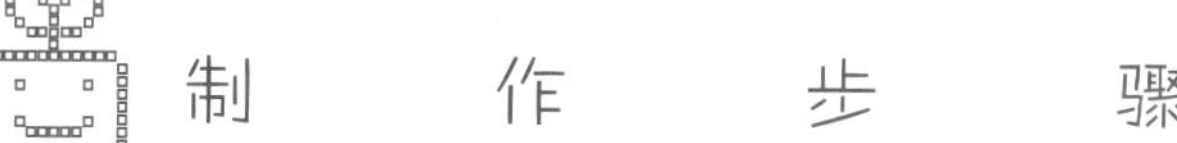

制作步骤

1. 先取一段适当长度的金丝链，穿入 1 颗白色椭圆形石珠。

2. 在石珠两边分别穿入 1 颗粉红色水滴形切面珠、花托、1 颗白色菱形珠，重复此步骤 1 次，两边用定位珠固定，使穿好的珠好位于手链中间。

3. 间隔 1cm 处再分别穿入 3 颗白色菱形珠，用定位珠固定。

4. 在金丝链一端用单圈连接一段调节链，另 端用单圈连接弹簧扣，一款简单粉嫩的手链就制作完成了。

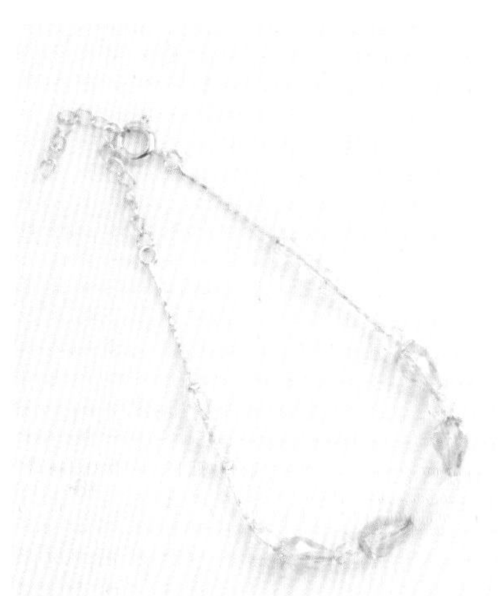

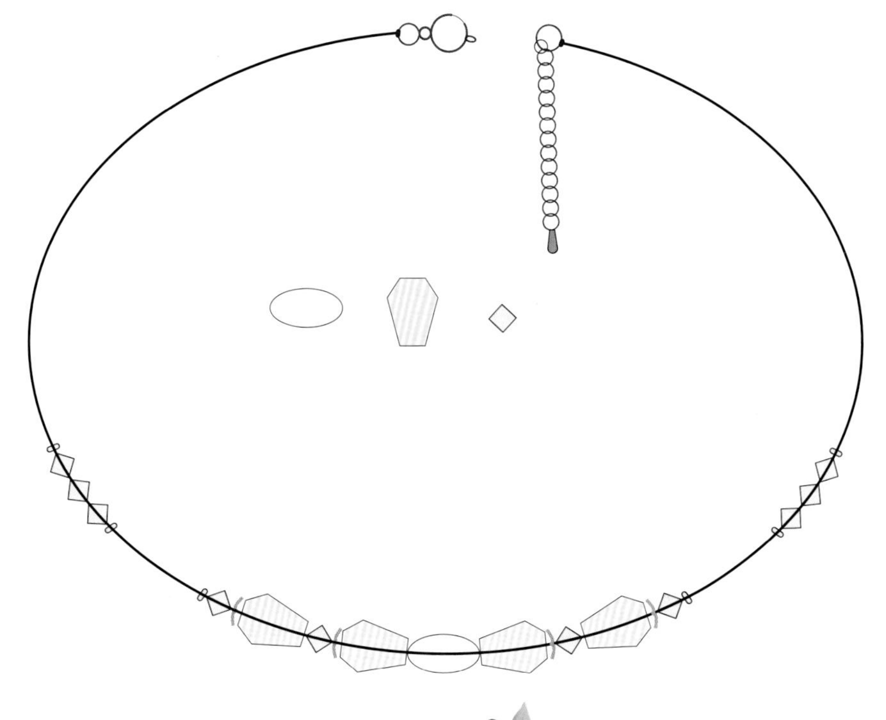

温馨提示

粉红色的水滴形切面珠与白色椭圆形石珠的搭配，既显出粉红色的活泼，又有石珠的庄重古朴。

紫心之恋

材料: 4mm 透明水晶角珠，4mm 淡紫色水晶角珠。

配件: 渔线 1.2m，链扣，小单圈。

工具: 尖嘴钳，剪刀，打火机。

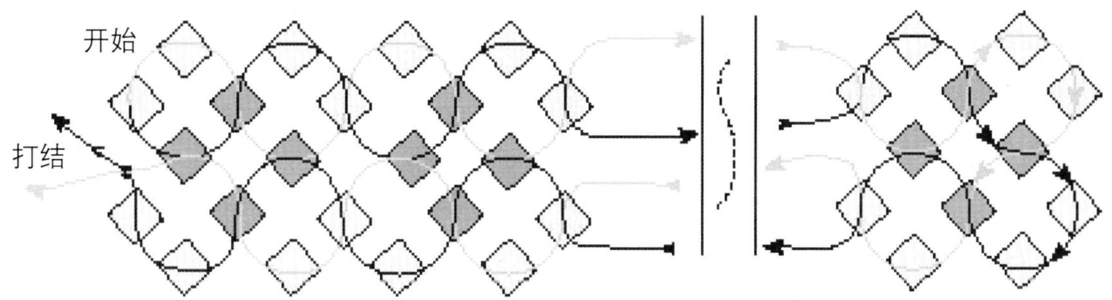

1. 该手链由 2 条做法完全一致的对称链条组成。
2. 如图，取渔线，先穿入 2 颗透明角珠、2 颗淡紫色角珠，再回穿末端淡紫色角珠，将该部分推到线中部，拉紧线。
3. 如图，一线穿入 1 颗透明角珠，另一线穿入 1 颗淡紫色角珠，两线交错穿入 1 颗透明角珠。
4. 如图，依次编入透明角珠和淡紫色角珠，直到珠链长短刚好绕手腕一周。
5. 注意图中转向第二条珠链的线路走向。依顺序完成手链。
6. 2 条线在不显眼处打结，烧结或剪去多余线头。
7. 用小单圈将链扣直接连到珠链首尾处，作品完成。

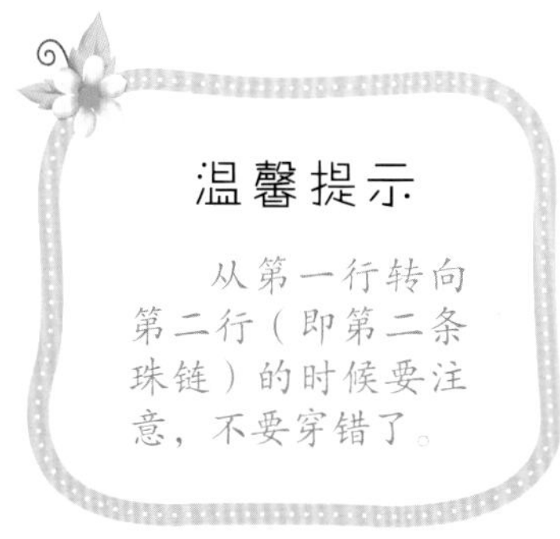

温馨提示
从第一行转向第二行（即第二条珠链）的时候要注意，不要穿错了。

流光

材料: 10mm 黑色椭圆形切面珠，镶钻环。

配件: 渔线。

工具: 剪刀。

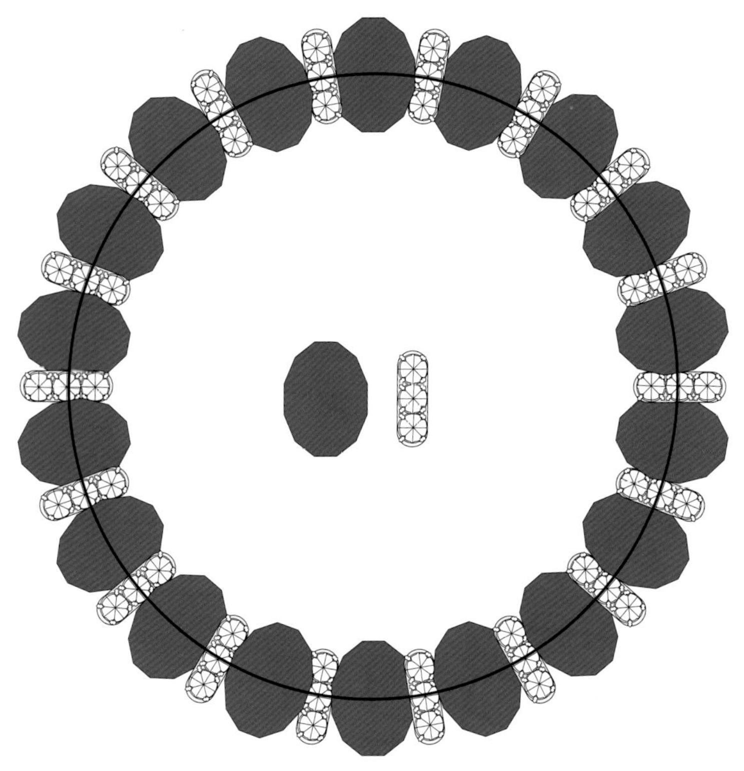

1. 取一段适当长度的渔线，先穿 1 颗黑色椭圆形切面珠，再穿 1 个镶钻环。

2. 重复步骤 1 约 16 次，直至适合自己手腕长度，再将渔线打结固定，一条闪亮的手链就制作完成了。

温馨提示
黑色带琉璃光的切面珠，与透明的镶钻环间隔穿插，闪烁着流动的光芒，如黑夜般静谧而神奇。

朝气

材料： 10mm 绿色、粉红色椭圆形切面珠，4mm 银色珠子。

配件： 渔线，转运球。

工具： 剪刀。

制作步骤

1. 取一段适当长度的渔线，先穿入 1 颗银色珠子，再穿 1 颗 10mm 粉红色椭圆形切面珠，再穿 1 颗银色珠子、1 颗绿色椭圆形切面珠，重复此步骤直到手腕长度。

2. 再穿入 1 颗银色珠子，最后套入转运球，打结固定，一条清新简洁的手链就制作完成了。

温馨提示

清澈透明的珠子往往给人以纯洁的印象，而绿色和粉红色的透明珠子，更是令人感受到年轻和朝气，还有一切美好的东西，再搭配会转动的幸运球，让一切坏的事情通通远离

C形手环

材料：6mm 粉色切面珠，6mm 淡蓝色切面珠，6mm 茶色切面珠，粉色玻璃扁珠。

配件：记忆钢圈，9 针，T 针。

工具：圆嘴钳、尖嘴钳、剪钳。

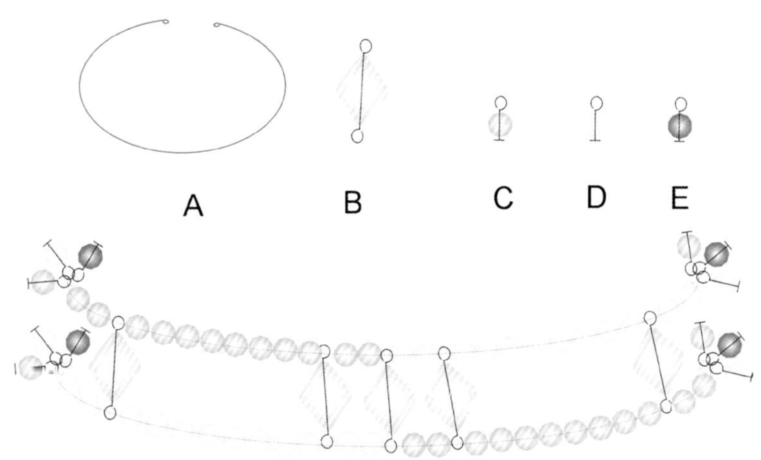

1. 用9针将粉色玻璃扁珠穿好，制作成配件B。
2. 用T针分别将粉色、淡蓝色、茶色切面珠穿好，制作成配件C、D、E。
3. 截取两段记忆钢圈，大小依照个人手腕粗细而定，将一端扭成“C”形，制作成配件A。
4. 其中一段记忆钢圈先穿入两颗粉色切面珠，再穿入制作好的配件B，然后穿入约8颗粉色切面珠，再穿入配件B，直至记忆钢圈串满，并将末端扭成C形。
5. 穿另一段记忆钢圈时，切面珠的颜色需与第一段所穿的珠子颜色不同，以形成色彩上的对比。当记忆钢圈穿满时，同样需将末端扭成“C”形，以防止珠子脱落。
6. 最后将配件C、D、E直接挂在记忆钢圈两端的“C”形上即可。

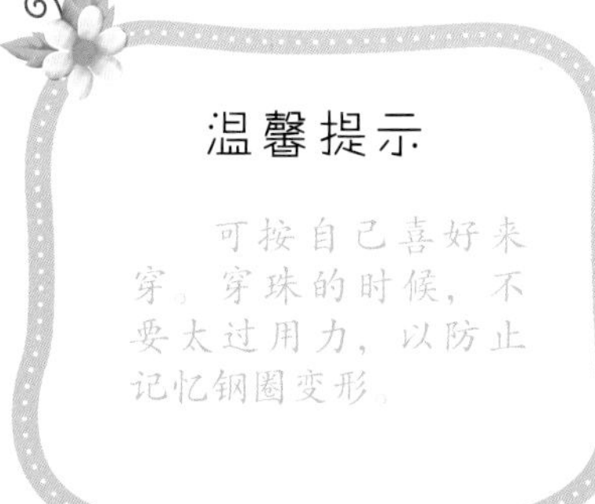

温馨提示
可按自己喜好来穿。穿珠的时候，不要太过用力，以防止记忆钢圈变形。

柔情似水

材料: 3mm 水晶角珠（粉红、淡绿、紫色），1.5mm 超小号金色米珠。

配件: 渔线 2m，链扣，贝壳扣。

工具: 剪刀，尖嘴钳。

制 作 步 骤

1. 该作品分 2 步，先完成中间部分，再完成两边部分。
2. 如图中所示线路完成中间环环相接部分，结尾处按线路回穿 4 颗米珠、1 颗角珠。
3. 完成两边部分，注意首尾衔接，安装贝壳扣。
4. 安装链扣，作品完成。

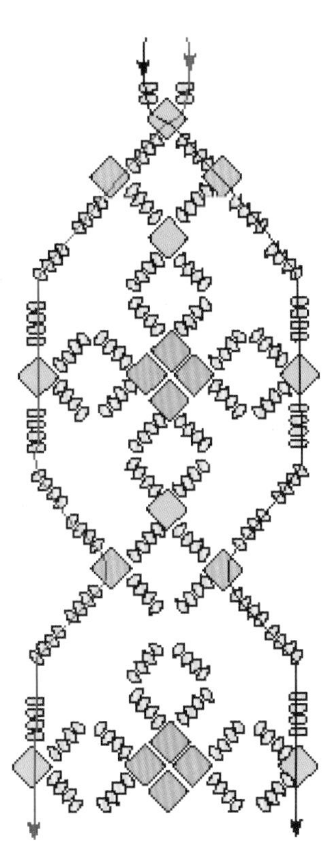

温馨提示

这款作品虽然由很多珠子组成，但是看上去非常轻盈灵动，富有女性的温婉与柔情，其原因就在于选用了超小号的金色米珠。如果选用其他较大的米珠，则会失去这款作品的特色，但是如果选用其他颜色的超小号米珠，或许会有其他更奇特的效果，不妨试试。

透明如珠

材料： 4mm 透明水晶角珠，4mm 粉红色水晶角珠。

配件： 渔线 60cm，链扣，定位珠，贝壳扣。

工具： 尖嘴钳，剪刀。

制　作　步　骤

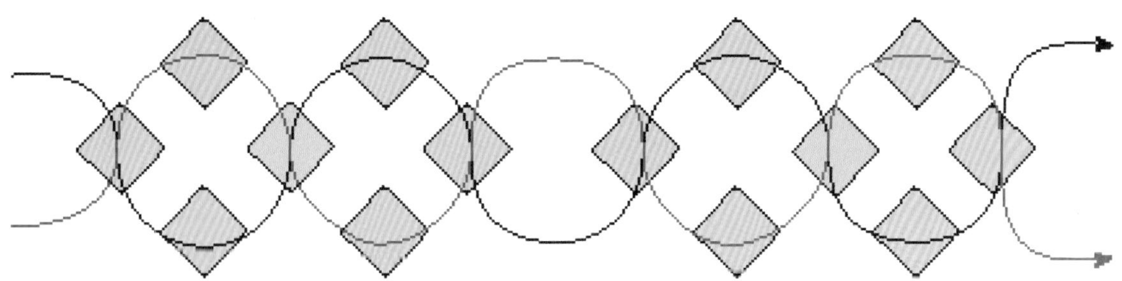

1. 利用贝壳扣将渔线对折分出两头，并将贝壳扣连接到链扣上。

2. 两线交错穿入 1 颗粉红色水晶角珠。

3. 两线各穿入 1 颗透明水晶角珠，然后交错穿入 1 颗透明水晶角珠，拉紧线，重复一遍刚才步骤。

4. 两线交错穿入 1 颗透明水晶角珠，该珠子与步骤 2、3 制作的部分保持一点点距离，左、右线空出等长线段。

5. 两线各穿入 1 颗透明水晶角珠，然后交错穿入 1 颗粉红色水晶角珠，拉紧线但不要影响步骤 4 中的留空部分。

6. 两线各穿入 1 颗透明水晶角珠，然后交错穿入 1 颗透明水晶角珠，拉紧线。

7. 如图重复步骤 4 ~ 6，直到手链足够长，最后反向重复步骤 2、3，用贝壳扣收藏固定线尾并安装链扣，作品完成。

温馨提示
这款手链制作比较简单，依图按顺序穿好就行了。

蓝色梦幻

材料：4mm 黄绿色系或蓝色系玻璃角珠（一个色系选择深浅不同的 3 个颜色），2mm 银色米珠。

配件：渔线 60cm 2 条，双孔方形链扣，定位珠。

工具：尖嘴钳，剪刀，打火机。

制 作 步 骤

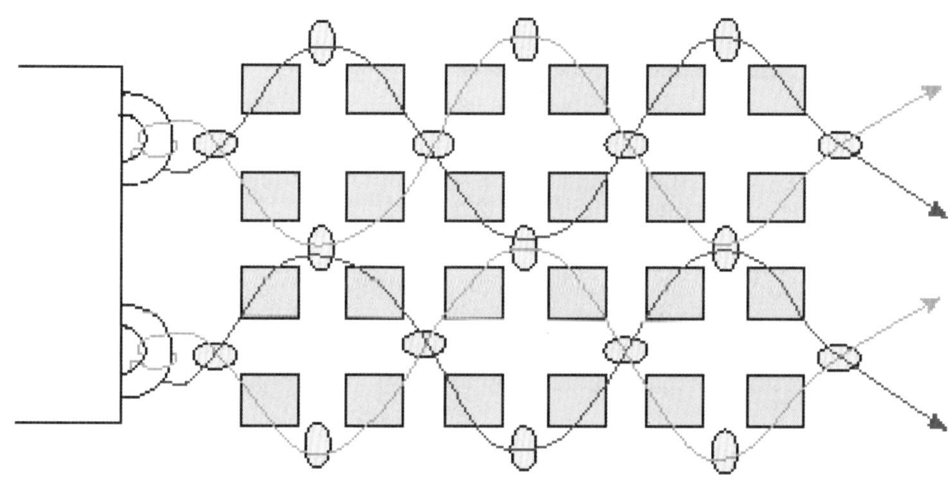

1. 如图所示，手链由 2 条结构基本一致的链条组合而成。
2. 使用 2 条 60cm 渔线对折，分别分出两端线头，从左到右完成作品。
3. 间隔穿入 4 颗同色玻璃角珠、3 颗米珠，两端线头交错穿入 1 颗米珠，拉紧线。
4. 制作时，每 4 颗角珠为一个单元，选择不同颜色相同色系的角珠单元均匀搭配。
5. 左右两端线各间隔穿入 2 颗同色玻璃角珠、1 颗米珠，然后交错穿过 1 颗米珠，拉紧线。
6. 重复步骤 4，直至手链无需拉扯刚好足以环绕手腕一圈。
7. 注意开始和结尾处都要小心隐藏线结。

温馨提示
重复的次数根据自己需要的长度而定。

粉色水晶花

材料: 4mm 透明、浅绿、粉红水晶角珠。

配件: 0.25mm 渔线 100cm，链扣，小单圈。

工具: 尖嘴钳，剪刀。

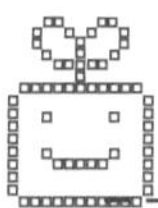

制 作 步 骤

1. 依照图片，先完成上边链条，再完成下边链条。

2. 注意花朵部分添加花心的方法。

3. 为了保持首尾的平整，收尾一步串珠数量与中间主体部分的六角单元方式有所不同。

4. 完成珠链后，直接用小单圈将链扣连到珠链上即可。

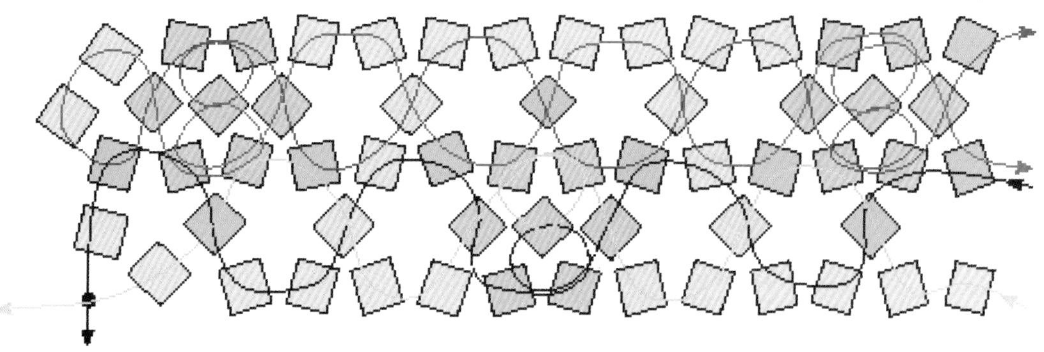

温馨提示

为了保持首尾的平整，收尾时，依图只穿 5 颗珠就可以了。

小·家碧玉

材料: 4mm 墨绿色水晶角珠，4mm 粉绿色水晶角珠，2mm 银色米珠，金属弯曲小间饰。

配件: 渔线 60cm，龙虾扣，贝壳扣，定位珠，调节链。

工具: 尖嘴钳，剪刀，打火机。

制　作　步　骤

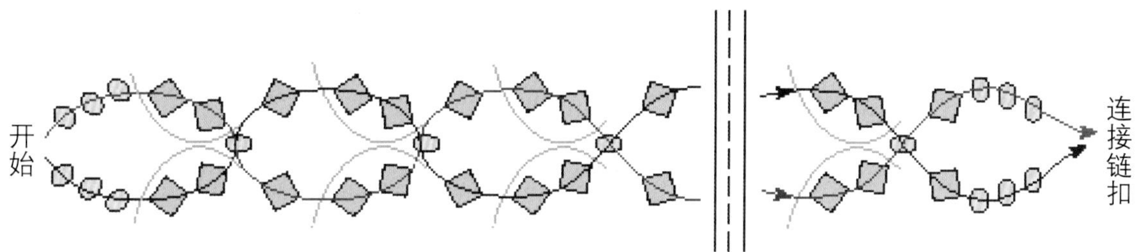

1. 将渔线对折，装上贝壳扣，连接龙虾扣接环。
2. 两线分别穿入 3 颗米珠。
3. 两线分别穿进 1 个金属弯曲小间饰（注意小间饰的弧度方向）、2 颗同色水晶角珠，再各自穿进间饰的另一个小孔，交错穿过 1 颗米珠，拉紧线。
4. 两线各自穿过 1 颗同色角珠。
5. 重复步骤 3、4，但这次采用另一色角珠。
6. 重复步骤 3 ~ 5 直到珠链差 1cm 即可绕手腕一周。
7. 两线各穿 3 颗米珠装上贝壳扣，连接调节链，作品完成。

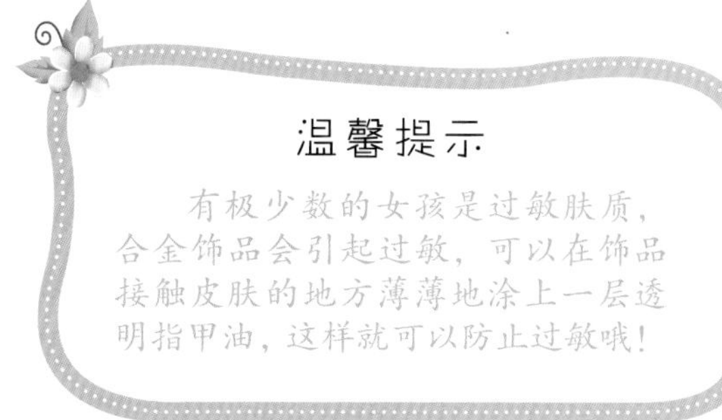

温馨提示
有极少数的女孩是过敏肤质，合金饰品会引起过敏，可以在饰品接触皮肤的地方薄薄地涂上一层透明指甲油，这样就可以防止过敏哦！

素雅

材料： 8mm 蓝色彩玉 A，3mm 石榴石 B，4mm 深蓝仿珍珠 C，4mm 浅紫水晶菱珠 D，2mm 蓝色米珠 E。

配件： 9 字针，单圈，龙虾扣，渔线。

工具： 剪刀，尖嘴钳，圆嘴钳。

制　作　步　骤

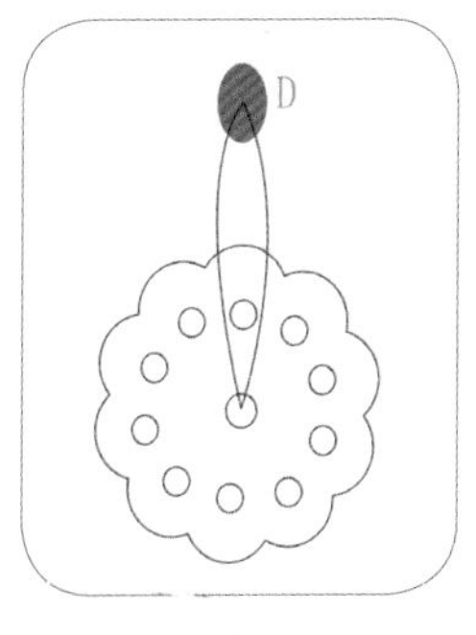

图 1

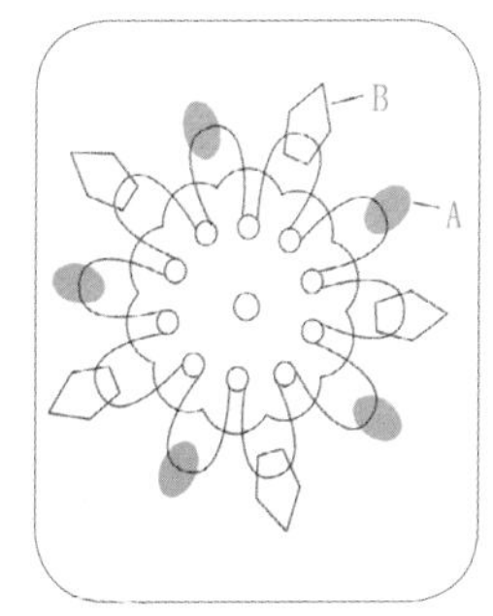

图 2

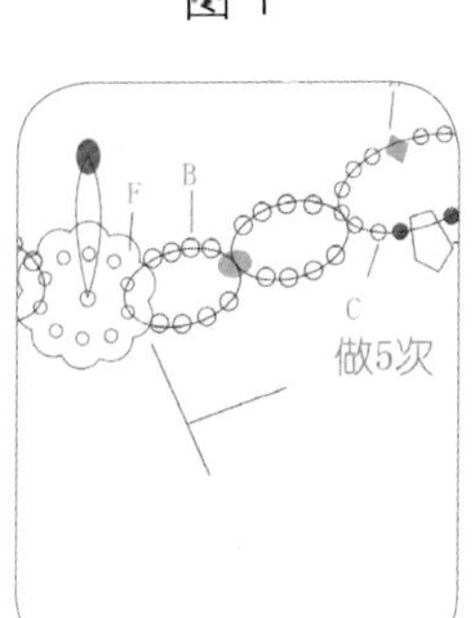

图 3

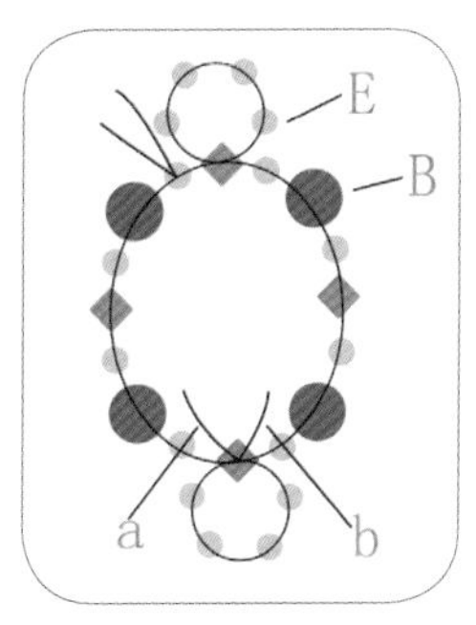

图 4

1. 如图 1 ~ 2，用 9 字针制作 6 个蓝色彩玉 A 配件、2 个浅紫水晶菱珠 D 配件备用。

2. 如图 3，取 30cm 长渔线折成对等的两段 a、b 开始制作主体花的中心部分。

3. 如图 4，继续用 a、b 余线制作主体花部分直至完成，一共制作 3 个主体花部分备用。

4. 最后，将步骤 1 和步骤 3 制作好的各部分连接好，然后在两边的末端添加单圈、龙虾扣即可。

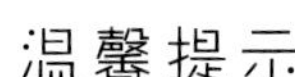

温馨提示

导致饰品氧化的最大原因就是空气中的氧气，所以阻隔空气就是最好的保养方式。较长时间不用的饰品最好使用密封袋挤去空气后将贴轨压合，然后再放置起来，这样可以使饰品和空气的接触减少到最少。

朝露

材料： 4mm 透明菱形珠，6mm 透明圆珠，草绿色扁珠。

配件： 渔线，贝壳扣，定位珠，单圈，调节链，龙虾扣。

工具： 圆嘴钳，剪刀。

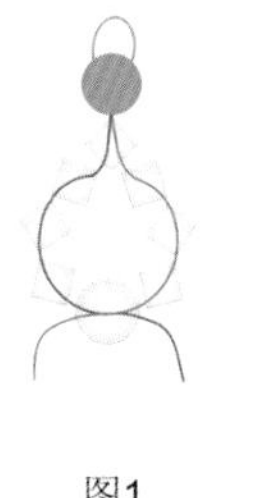
图1

图2

1. 截取一段渔线，对折，将对折端用贝壳扣固定住。

2. 两线共同穿入一颗透明菱形珠后，各自穿入 3 颗透明菱形珠，再对穿 1 颗透明圆珠，然后，如图 1，重复此步骤一次。

3. 然后两线各穿入 3 颗菱形珠后，对穿 1 颗草绿色扁珠，再各自穿入 3 颗草绿色扁珠，对穿 1 颗草绿色扁珠（如图 2）。

4. 参照步骤 2 和步骤 3 依次穿入各种珠子，直至适合的长度。

5. 最后用单圈接上龙虾扣和调节链，一款清新的手链即制作完成了。

温馨提示

时间长了，线容易被水晶锐利的口磨破，所以，每过一段时间看到线有磨损的现象，就要重新串一遍。当然，送给别人的礼物很难再拿回来维护，所以做的时候就用牢点的线，并且来回多走几遍线，那样就万无一失啦！

雪莹

材料： 6mm 粉色仿珍珠，6mm 白色仿珍珠，4mm 蓝色米珠。

配件： 渔线，贝壳扣，定位珠，单圈，调节链，龙虾扣。

工具： 圆嘴钳，剪刀。

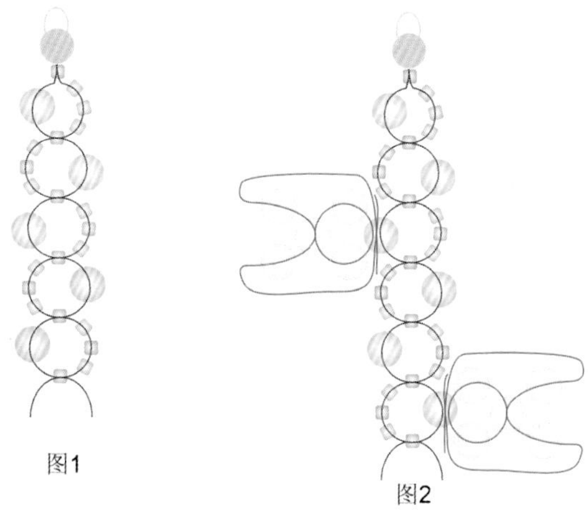
图1 图2

图3

1. 截取一段渔线，对折，并将对折端用贝壳扣和定位珠固定住。
2. 两线共同穿入一颗 4mm 蓝色米珠，其中一线穿入 3 颗米珠，另一线穿入 1 颗粉色仿珍珠，再对穿 1 颗米珠。
3. 重复步骤 2，穿至适合的长度（如图 1）。珠子穿完后，用定位珠和贝壳扣将线的末端固定好。
4. 另截取 5 ~ 6 段长度相同的渔线，参照图 2 中的方法，用穿三边球的方式，穿在步骤 3 中制作好的手链上。
5. 最后用单圈接上龙虾扣和调节链，手链即制作完成了。

温馨提示

步骤 4 中三边球的个数可以参考步骤 3 中穿的粉色仿珍珠的数量，也可根据个人喜好来定。

初雪

材料：4mm 白色猫眼石，4mm 茶色米珠，4mm 白色仿珍珠。

配件：渔线，贝壳扣，定位珠，单圈，调节链，龙虾扣。

工具：圆嘴钳，剪刀。

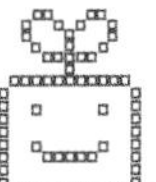

制　　作　　步　　骤

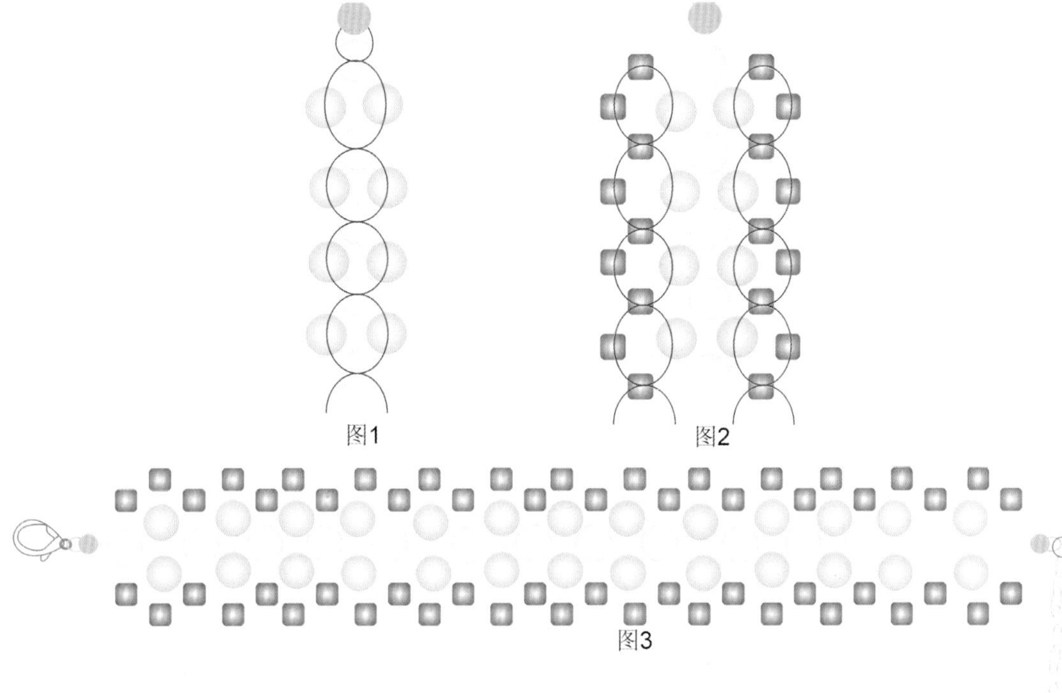

1. 截取一段渔丝线，对折，并将对折端用贝壳扣和定位珠固定住。

2. 两线共同穿入 1 颗猫眼石，然后分别穿入 1 颗仿珍珠，再对穿 1 颗猫眼石。

3. 重复步骤 2，穿至合适的长度（如图 1），珠子穿完后，用定位珠和贝壳扣将线的末端固定好。

4. 另外取一段渔线，参照图 2 中的方法，将茶色米珠穿在步骤 3 中制作好的手链的两侧，线尾藏于珠中。

5. 最后用单圈接上龙虾扣和调节链，一款手链即制作完成了。

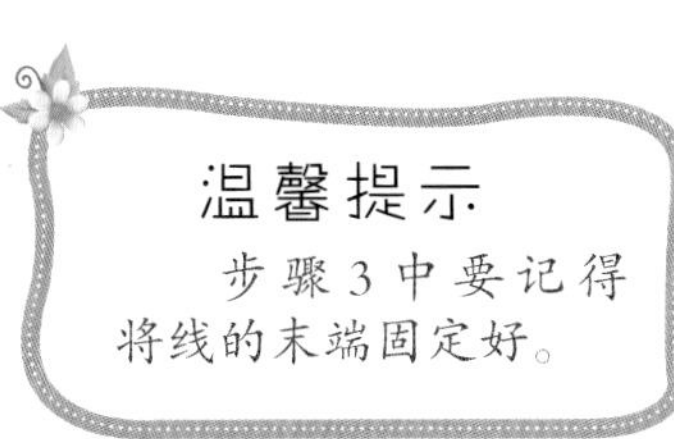

温馨提示
步骤 3 中要记得将线的末端固定好。

爱心手带

材料: 2mm 彩色圆珠（配色自定，至少需要 2 种以上颜色）。

配件: 锦纶线 100 ~ 150cm 1 条、200cm 1 条 ,链扣 ,链扣头 ,9 针。

工具: 串珠针，编珠架，剪刀，透明胶，尖嘴钳。

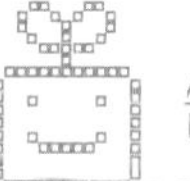

制　作　步　骤

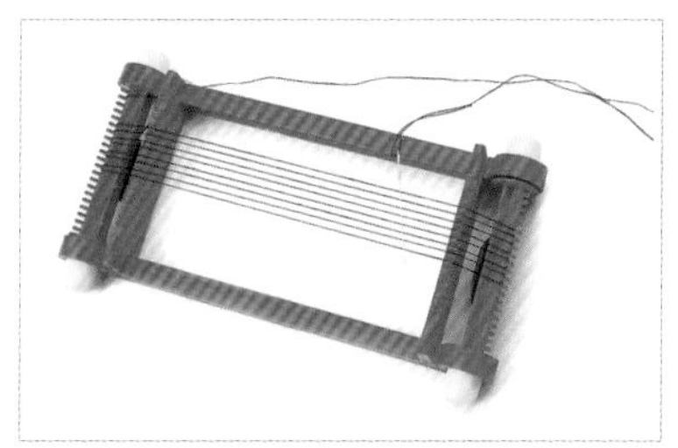

1. 将较长的锦纶线做经线，固定在编珠架上，8 条经线拉紧绷直。

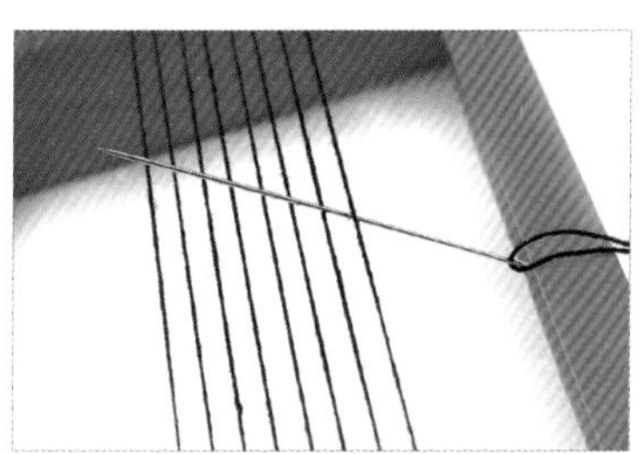

2. 将较短的锦纶线一端用透明胶固定在编珠架一侧，另一端穿上串珠针开始串珠。

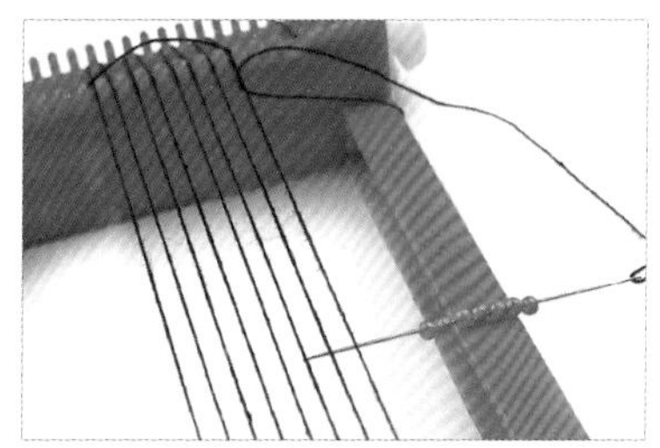

3. 将线在最边的经线上绕一下。

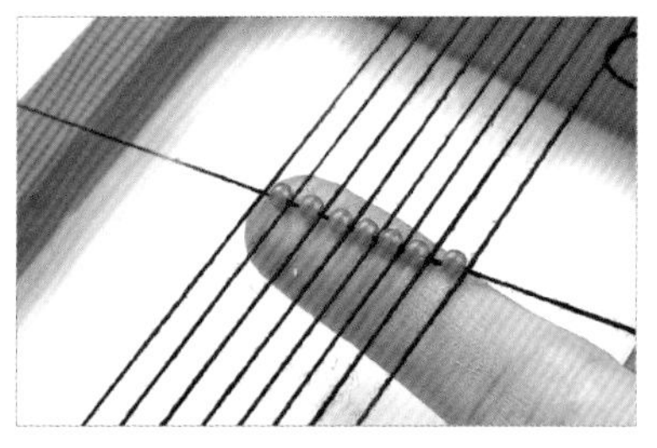

4. 穿入 7 颗紫色圆珠。从经线底下经过。

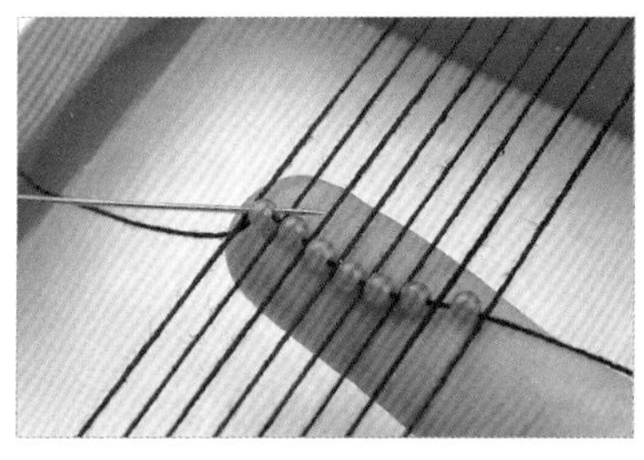

5. 用食指将珠子整齐顶在经线边上，经线与珠子互相间隔。

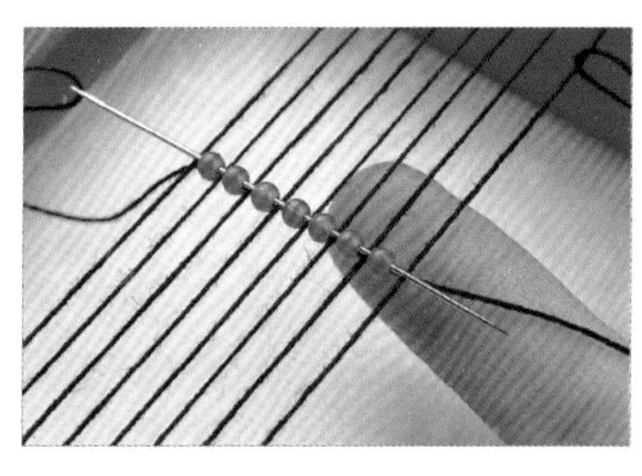

6. 线走经线上方，回穿过 7 颗圆珠。

7. 调整拉紧线，第一排珠子就固定在经线上了。

8. 再将线在最边的经线上绕一下。

9. 再穿入 7 颗紫色圆珠，从经线底下经过。

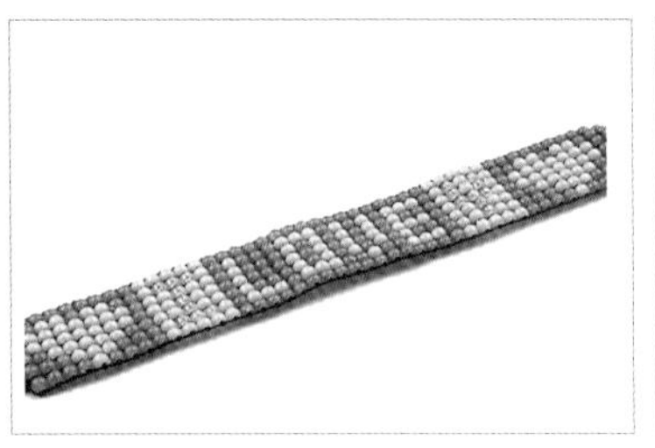

10. 重复步骤 5 ~ 8，开始加入其他颜色的珠子，用同样的方法将珠子均匀固定在经线上，一排排编织图案。

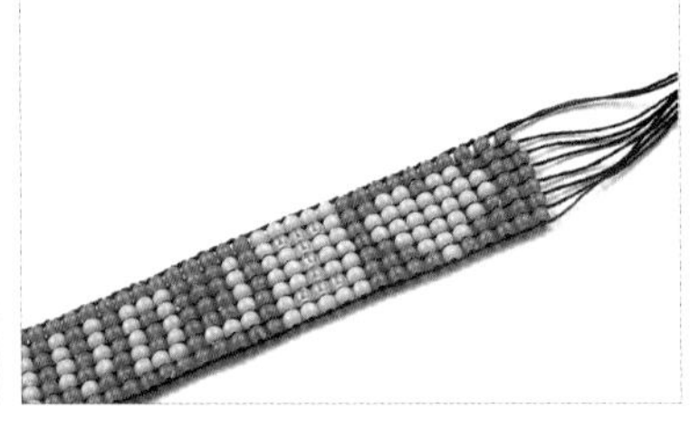

11. 将已经编好的珠子手带从编珠架上拿下来，平放在桌面，用手推拨珠子抚平珠带，做最后调整。

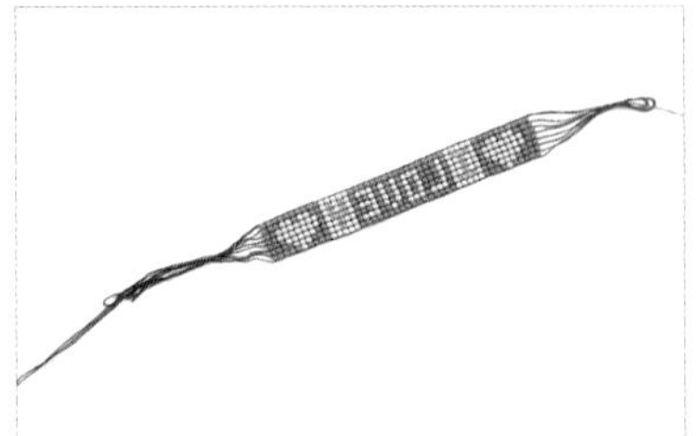

12. 整理两端的线头，各理成一束，如图打结。

13. 用 9 针配合将线结藏进链扣头，装上链扣。作品完成。

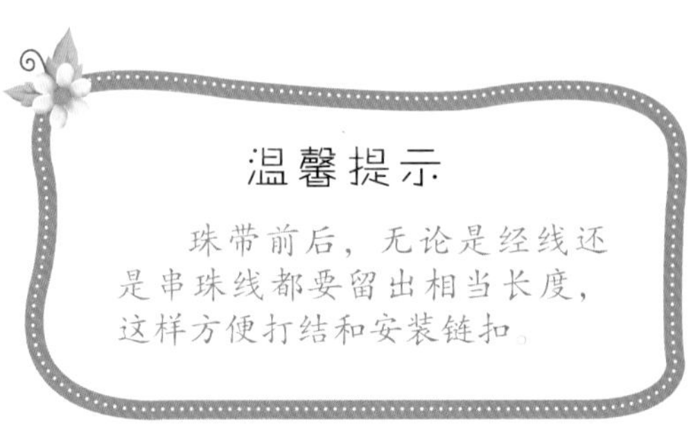

温馨提示

珠带前后，无论是经线还是串珠线都要留出相当长度，这样方便打结和安装链扣。

魅力之环

晶莹

材料: 12mm×9mm 透明白水滴珠 A，4mm 彩白水晶菱珠 B，3mm 彩白水晶菱珠 C，2mm 白色米珠 D。

配件: 耳钩，9 字针，2 条 15cm 的渔线。

工具: 尖嘴钳，圆嘴钳，剪刀。

制　作　步　骤

图1

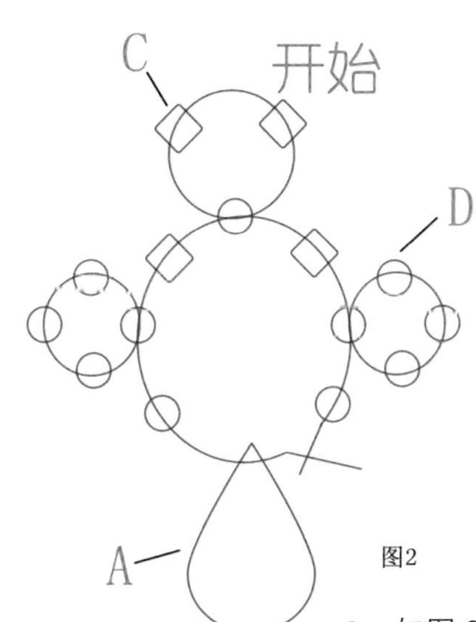

图2

1. 如图 1，用 9 字针制作好 2 个水晶菱珠 B 配件备用。

2. 如图 2，再用两段 15cm 长渔线制作好两只耳环的主体花部分。

3. 将步骤 1 ~ 2 完成的各部分连接起来，然后添加上耳钩即可。

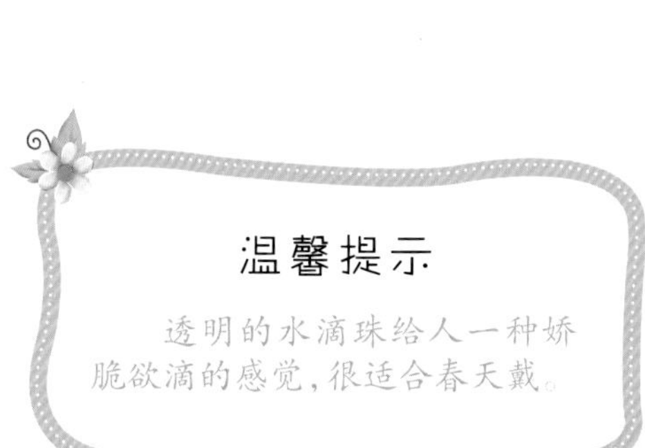

温馨提示

透明的水滴珠给人一种娇脆欲滴的感觉，很适合春天戴。

蝶恋花

材料: 12mm 蓝色椭圆形切面珠，镶钻蝴蝶结，蓝色缎带蝴蝶结。

配件: T 针，9 针，耳钩。

工具: 尖嘴钳，圆嘴钳，剪刀。

1. 用T针将12mm蓝色椭圆形切面珠穿好，制成配件A。

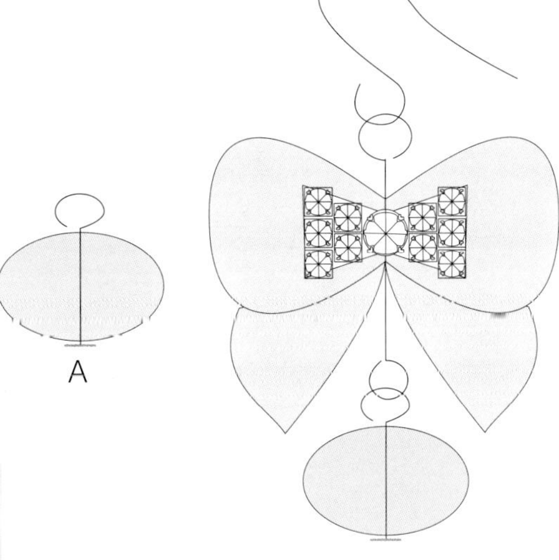

2. 用9针将配件A连接好，再将镶钻蝴蝶结和蓝色缎带蝴蝶结用胶粘在9针的中间部分。

3. 将耳钩与9针另一端连接起来，用相同的方法再做一个，一款清新秀雅的耳环就制作完成了。

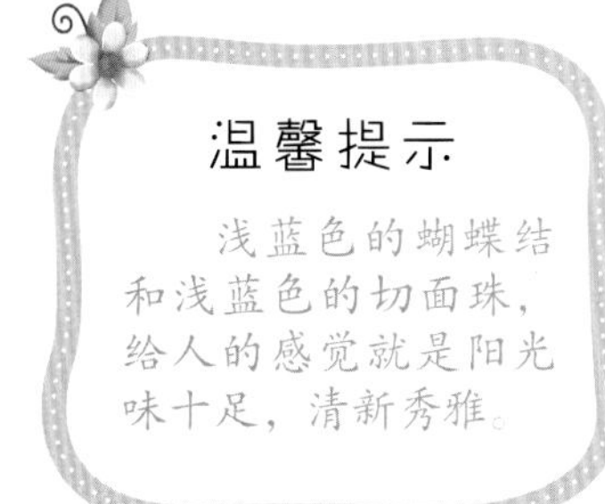

温馨提示

浅蓝色的蝴蝶结和浅蓝色的切面珠，给人的感觉就是阳光味十足，清新秀雅。

脉脉

材料： 6mm、10mm墨绿色椭圆形切面珠，镶钻蝴蝶结。

配件： T针，耳圈。

工具： 剪钳，圆嘴钳。

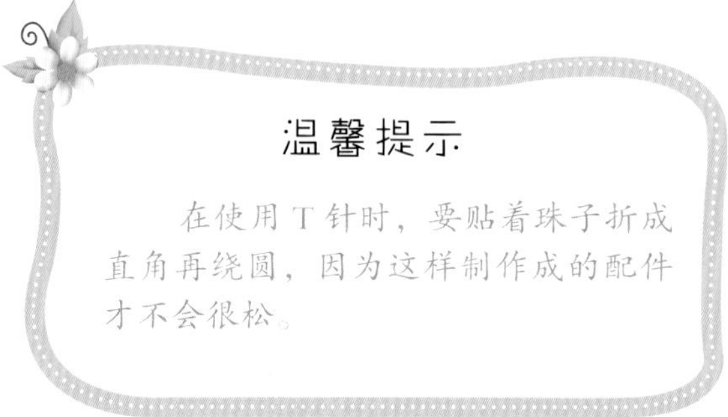

温馨提示
在使用T针时，要贴着珠子折成直角再绕圈，因为这样制作成的配件才不会很松。

制　作　步　骤

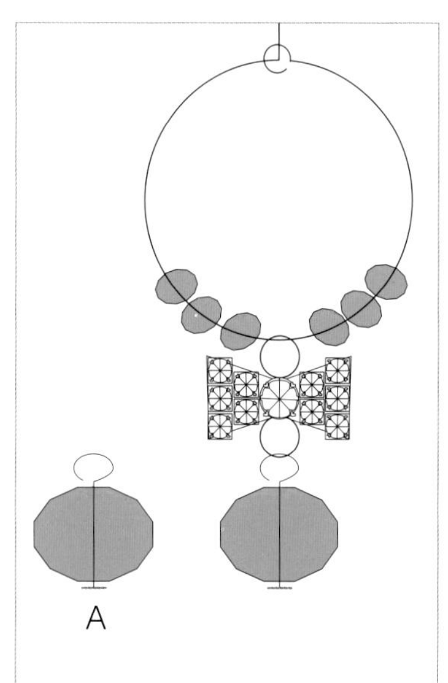

1. 将10mm墨绿色椭圆形切面珠用T针穿好，制作成配件A，并将配件A连接在镶钻蝴蝶结上。
2. 取一个耳圈，先穿入3颗6mm墨绿色椭圆形切面珠，套入镶钻蝴蝶结，再穿3颗6mm墨绿色椭圆形切面珠。
3. 用相同的方法再做一只。一对典雅高贵的耳环就制作完成了。

忆 贝

材料： 12mm白色仿珍珠，水滴形贝壳。

配件： T针，大单圈，耳钩。

工具： 圆嘴钳。

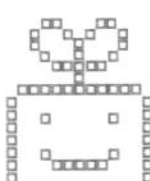

单圈要根据贝壳孔的位置来选择，不要太小了不好穿。

制 作 步 骤

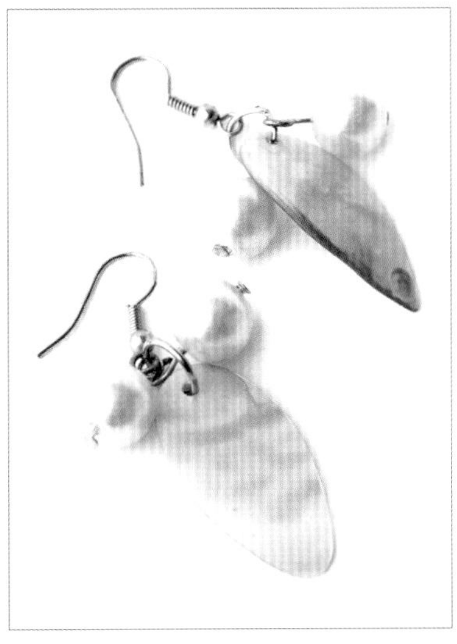

1. 用T针将12mm仿珍珠穿好，制作成配件A，穿两组备用。

2. 然后将穿好的配件A和水滴形贝壳按配件A→贝壳→配件A的顺序用大单圈串好。

3. 最后接上耳钩，以同样的方法制作出另一只，一对贝壳耳环即制作完成。

简约之风

材料: 8mm 金属圆珠，16mm 黑色圆珠。

配件: T 针，9 针，单圈，耳钩。

工具: 圆嘴钳。

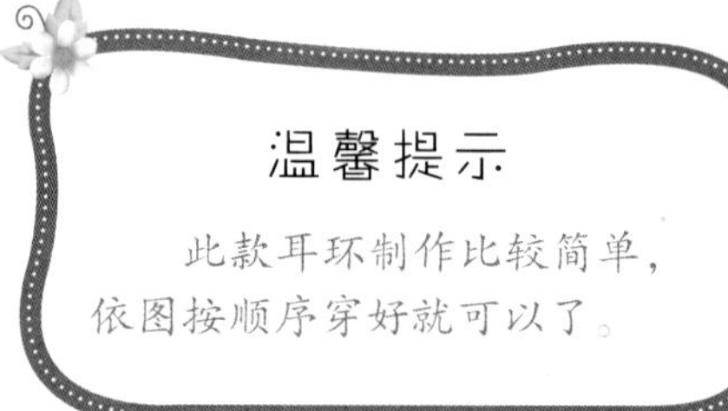

温馨提示

此款耳环制作比较简单，依图按顺序穿好就可以了。

制 作 步 骤

1. 用 T 针和 9 针分别将 8mm 金属圆珠和 16mm 黑色圆珠穿好，制作成配件 A、B。
2. 然后将配件 A、B 用单圈连接起来，如图。
3. 最后接上耳钩，以同样的方法制作出另一只，一款简约时尚的耳环就完成了。

魅紫

材料： 4mm 紫色菱形珠，6mm 紫色菱形珠。

配件： 渔线，T 针，9 针，单圈，耳钩，调节链。

工具： 圆嘴钳。

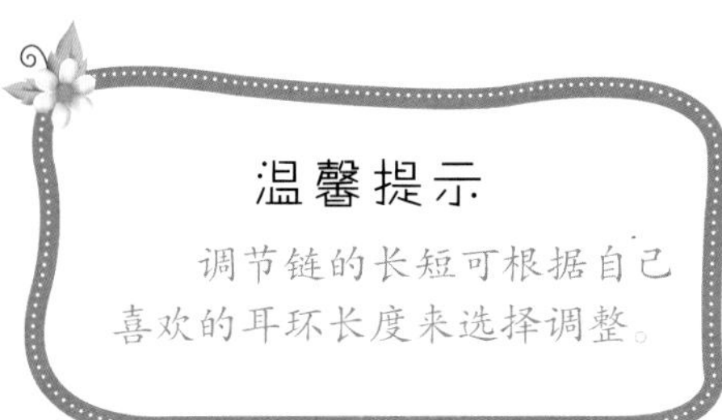

温馨提示

调节链的长短可根据自己喜欢的耳环长度来选择调整。

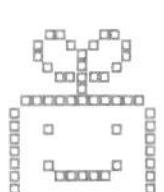

制　作　步　骤

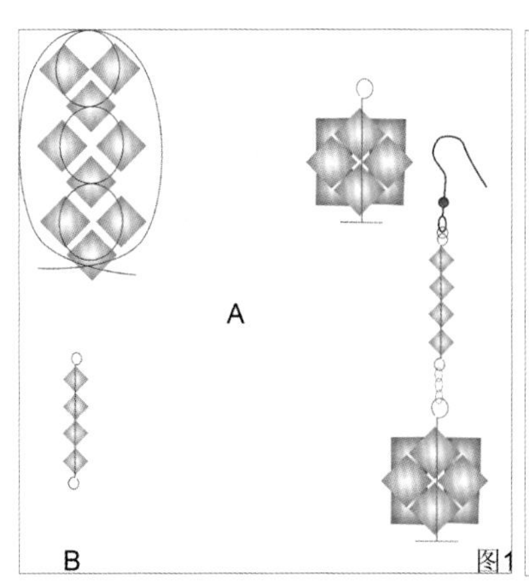

图1

1. 截取一条渔线，用 6mm 紫色菱形珠制作出三边球形，用 T 针穿好，制作成配件 A，备用。
2. 用 9 针穿入 4 颗 4mm 菱形珠，制作成配件 B。
3. 然后再截取一小段调节链，将配件 A、B 连接起来。
4. 最后接上耳钩，以同样的方法制作出另一只，一副漂亮的耳环即制作完成。

月华

材料： 透明水滴珠。

配件： 单圈，金属圈，耳钩。

工具： 圆嘴钳。

制 作 步 骤

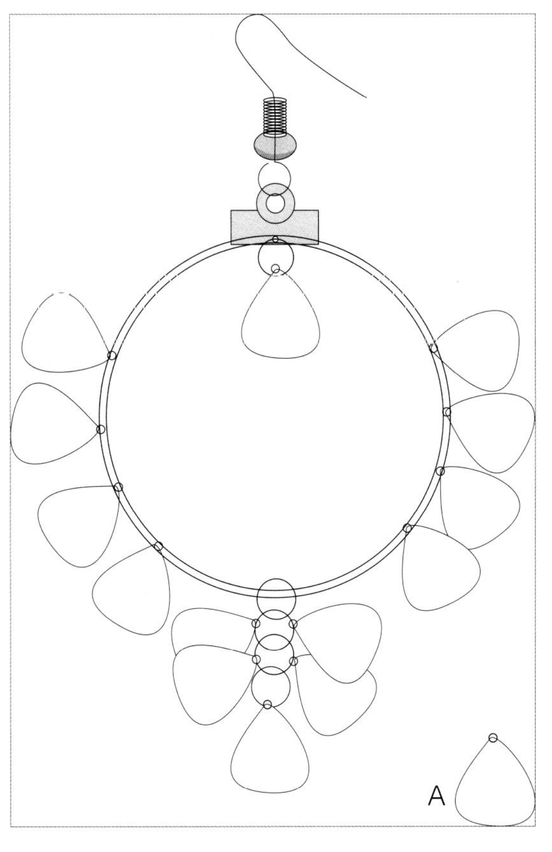

1. 先取 1 颗透明水滴珠，用单圈穿好，制成配件 A。

2. 再取 3 个单圈连接在一起，第二、第三个单圈分别穿入 2 颗透明水滴珠，在第三个单圈再套入 1 个配件 A。

3. 取一个金属圈，将步骤 2 中的第 1 个单圈从中间穿入。金属圈两边再各穿入 4 颗透明水滴珠。

4. 在金属圈的上边再连接一个配件 A，再将金属圈与耳钩连接。用相同的方法再做一个，一对玲珑剔透的耳环就制作完成了。

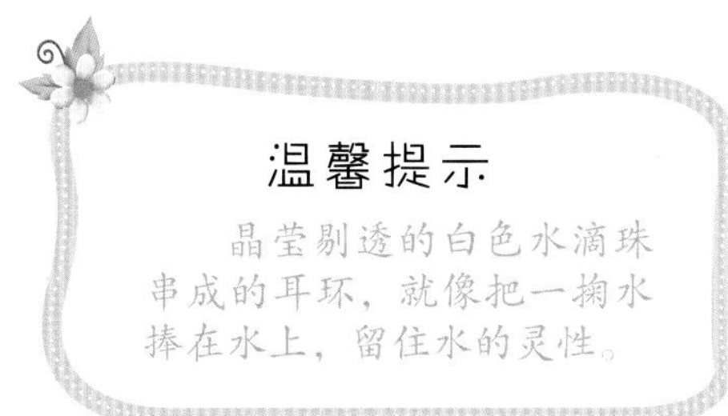

温馨提示

晶莹剔透的白色水滴珠串成的耳环，就像把一掬水捧在水上，留住水的灵性。

星球

材料： 15mm 绿色珠子，绿色碎石，红色碎石，银色金属珠。

配件： T 针，耳钩。

工具： 圆嘴钳。

温馨提示

这款耳环没有采用传统的珠子，而是用稍显怪异的青色珠子和红色碎石，就像一个奇妙的星球，让人捉摸不透。

制作步骤

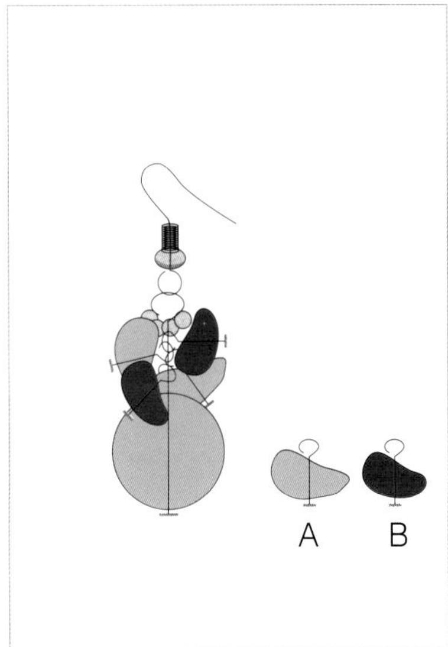

1. 将绿色碎石和红色碎石用 T 针穿好，制作配件 A 和配件 B。
2. 取一个较大的 T 针，先穿入 1 颗 15mm 绿色珠子，再套入 2 个配件 A 和 2 个配件 B。
3. 再套入 1 颗银色金属珠；将穿好珠子的 T 针与耳钩相连接，用相同的方法再做一只，一对独特的耳环就制作完成了。

逸趣

材料: 7mm 黑色珠子，15mm 黑色圆扁珠。

配件: 单圈，竹节链，9 针，耳钩。

工具: 圆嘴钳，尖嘴钳。

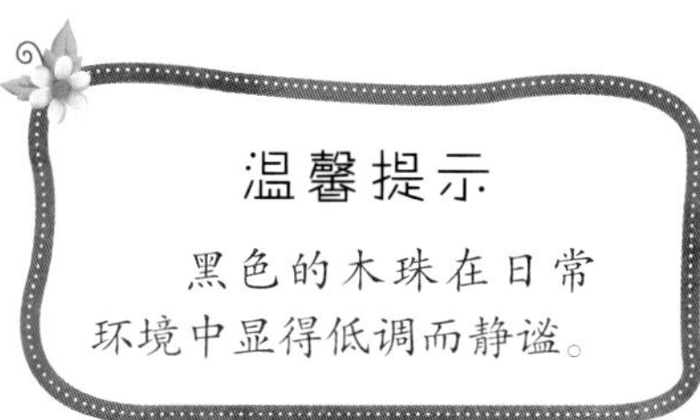

温馨提示
黑色的木珠在日常环境中显得低调而静谧。

制作步骤

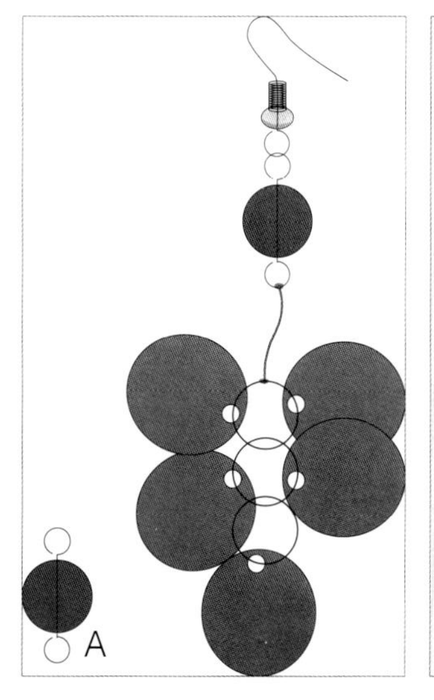

1. 将 7mm 黑色珠子用 9 针穿好，制作成配件 A。
2. 取 3 个单圈连接在一起，在第一和第二个单圈上分别穿入 2 颗 15mm 黑色圆扁珠；在第三个单圈上穿入 1 颗 15mm 黑色圆扁珠。
3. 取一节竹节链，一端与第一个单圈连接，另一端与配件 A 连接在一起。
4. 将配件 A 的另一端与耳钩相连接，用相同的方法再做一只，一对低调静谧的耳环就制作完成了。

水晶戒

材料： 2mm 银色米珠，三分罗纹管珠（任意颜色）。

配件： 0.25mm 铜线或其他金属线 40cm。

工具： 指甲剪或剪刀。

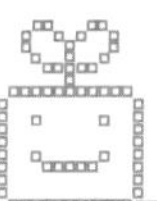

制 作 步 骤

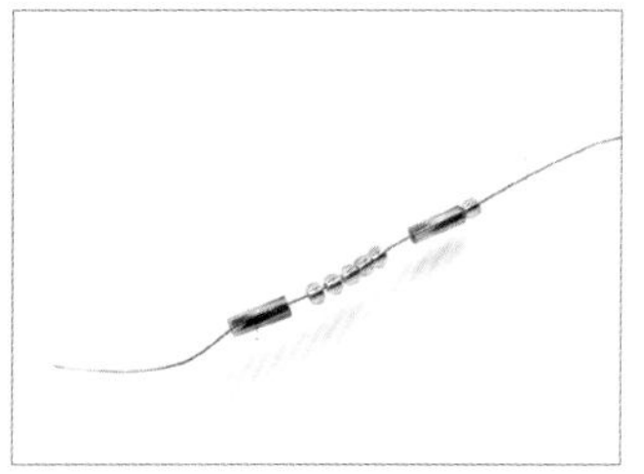

1. 依次穿入1颗2mm银色米珠、1颗三分罗纹管珠、5颗2mm银色米珠、1颗三分罗纹管珠。

2. 回穿到第一颗米珠，拉紧线。一端留下7～8cm线头，另一端继续穿。

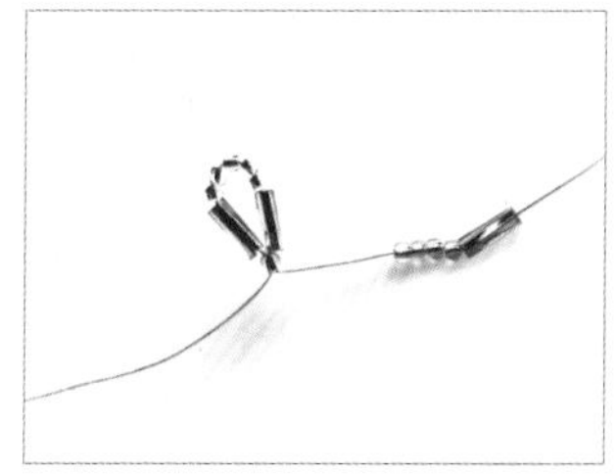

3. 继续穿入4颗2mm银色米珠、1颗三分罗纹管珠。

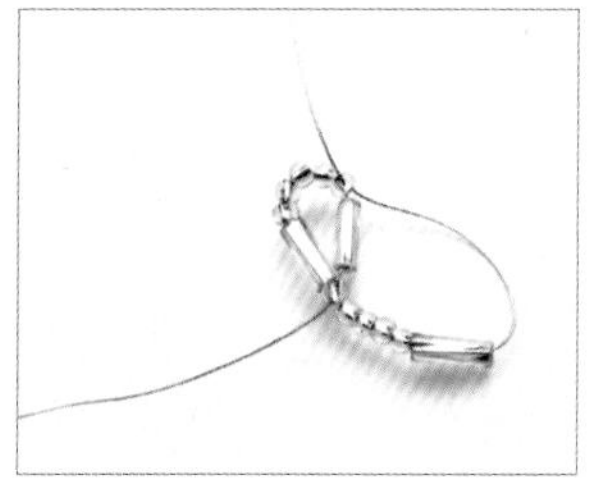

4. 穿过步骤3中与管珠相邻的米珠内。

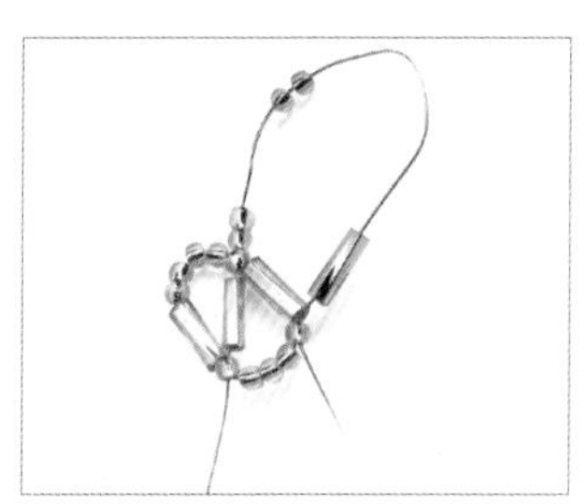

5. 穿入4颗2mm银色米珠，1颗三分罗纹管珠，如图回穿米珠。

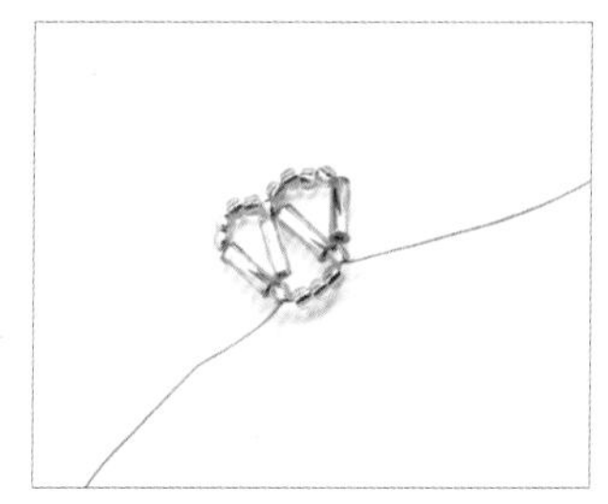

6. 拉紧线。

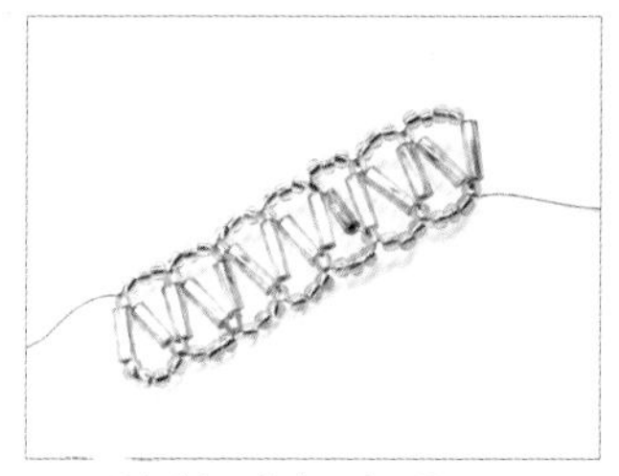

7. 继续重复步骤3～6直至足够长（首尾连接差2～3mm即可套入手指）。

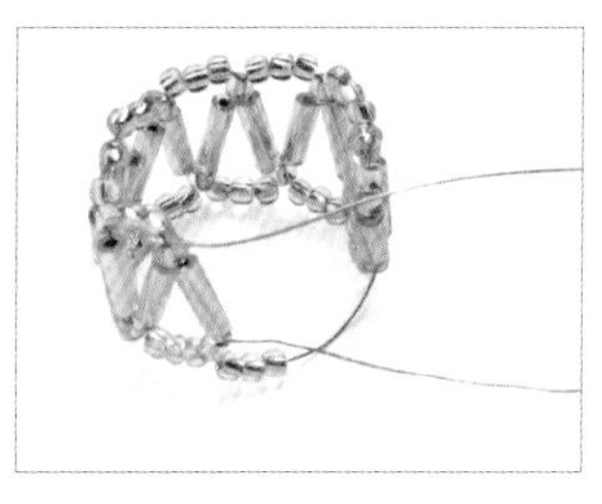

8. 穿入3颗米珠，然后穿过对应米珠。

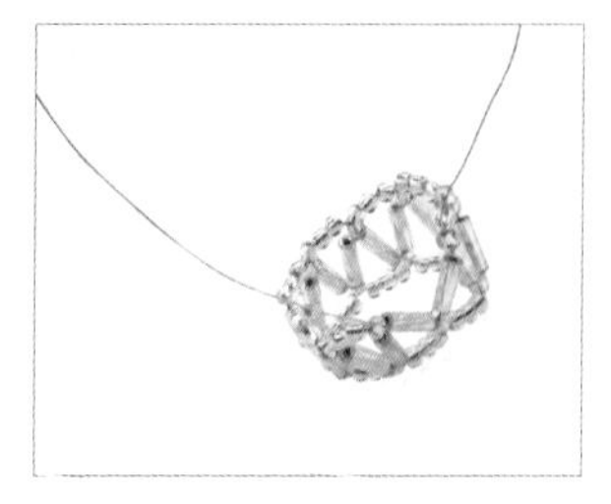

9. 穿入1颗管珠，然后穿过对应米珠。

10. 再穿3颗米珠，然后穿过对应米珠。戒指首尾连接完成，将剩余2个线头按线路回穿，在不显眼的部分绕2圈，剪去多余线头即可。

温馨提示

每做完一步都要拉紧调整一次，中间过程要注意铜线是否出现扭折，及时修正。

甜甜梦境

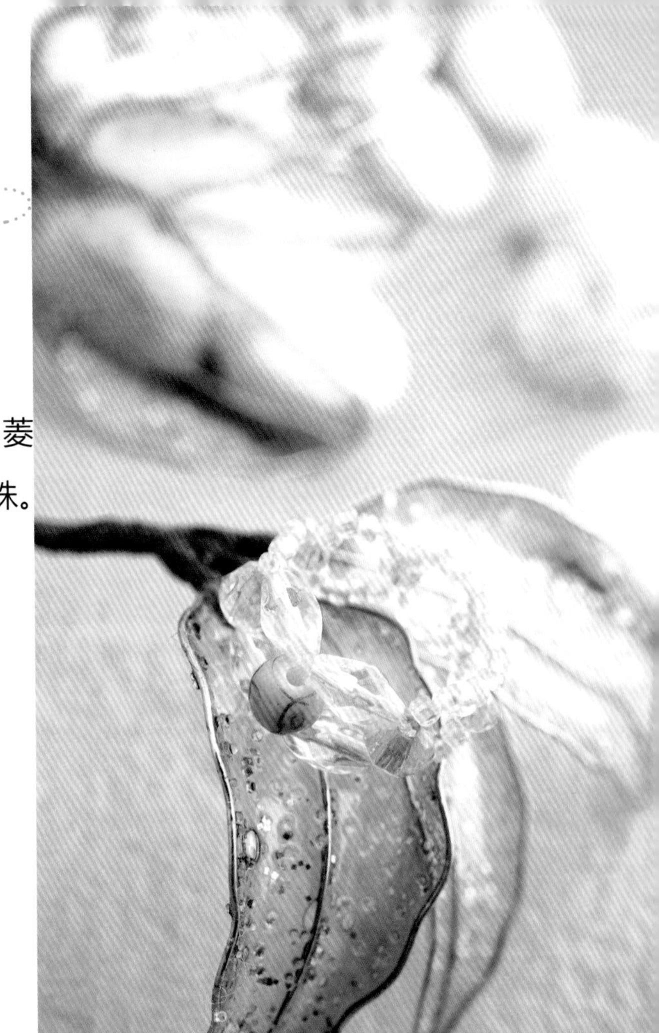

材料: 6mm 粉色切面珠，4mm 粉色菱形珠，粉色米形切面珠，粉色米珠。

配件: 渔线。

工具: 剪刀。

温馨提示

这款戒指采用的珠子全是粉色的，整个给人一种清新夺目的感觉。

制　作　步　骤

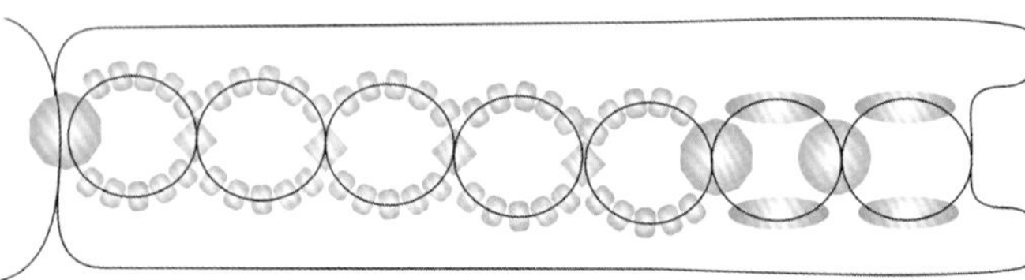

1. 截取一段渔线，线的长短依照自己手指的粗细来定。
2. 先穿入一颗 6mm 粉色切面珠，两线再各自穿入约 5 颗米珠，对穿 1 颗菱形珠，再各自穿入 5 颗米珠，对穿一颗菱形珠。
3. 重复步骤 2 直至合适的长度。
4. 参照图中的方法编出剩下的部分，一款漂亮的戒指就做好了。

萦绕心间

材料: 10mm 蓝色猫眼石，4mm 金属圆珠，白色米形仿珍珠。

配件: 渔线，戒指托。

工具: 剪刀。

温馨提示

小珠包围着大珠，就好像小珠的存在就是为了衬托大珠的。

制作步骤

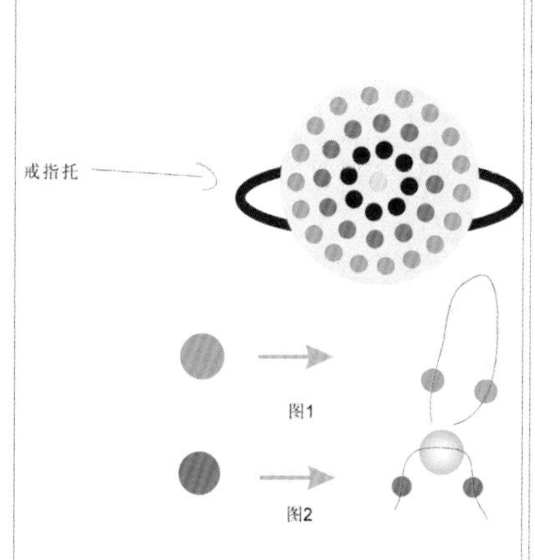

1. 截取一段鱼线，穿过戒指托外圈上的一个孔，穿入 2 颗米形仿珍珠、1 颗金属圆珠、2 颗米形仿珍珠后，穿过外圈上相邻的一个孔。
2. 然后渔线再穿过外圈上相邻的一个孔，重复步骤 1，直到将外圈的孔穿完。
3. 外圈的孔穿完后，渔线开始穿戒指托上的第二圈孔，穿入猫眼石，再穿过第二圈上的其中一个孔。
4. 最后将渔线拉紧打结，将线头藏于珠中即可。

花蕾

材料： 4mm 白色透明菱形珠，8mm 红色切面珠，淡绿色叶形玻璃珠，深绿色叶形玻璃珠。

配件： 渔线，戒指托。

工具： 剪刀。

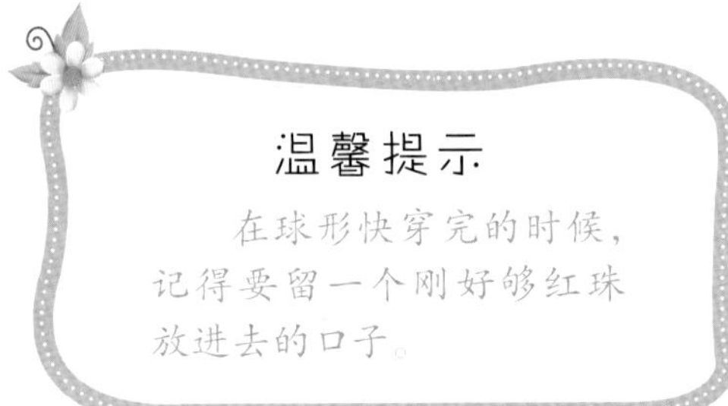

温馨提示

在球形快穿完的时候，记得要留一个刚好够红珠放进去的口子。

制作步骤

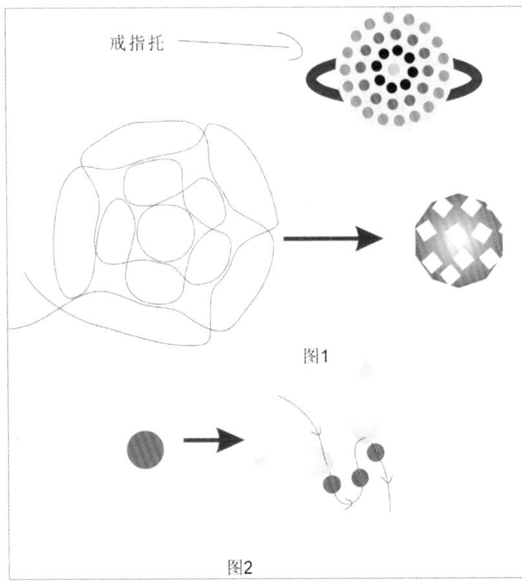

图1

图2

1. 截取一段渔线，参照穿五边球的方法，穿出一个五边球形，并在球形快穿完的时候将红色切面珠置于其中，如图 1。
2. 另截取一段渔线，将叶形玻璃珠参照图 2 中的方法，固定在戒指托上。
3. 然后将制作好的五边球置于叶形玻璃之上，并用渔线固定好，一款别致可爱的戒指就制作完成了。

水中花

材料: 6mm 蓝色菱形珠，6mm 淡蓝色菱形珠，白色米珠，4mm 淡蓝色菱形珠。

配件: 渔线。

工具: 剪刀。

温馨提示

因戒指本身比较小，用细的渔线较难定型，故在穿的时候应用稍粗的渔线来制作。

制作步骤

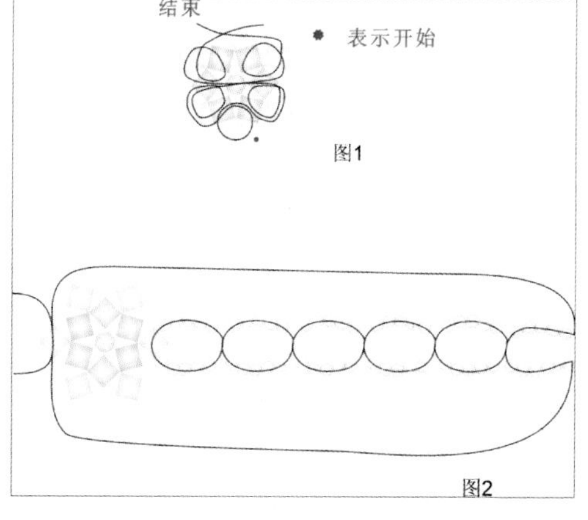

1. 截取一段渔线，参照图 1 中的穿法，穿出戒托部分。
2. 戒托部分穿完后，多余的渔线不需要剪掉，可直接用来穿指环部分。
3. 参照图 2 中的方法，穿出指环部分，直至适合自己手指的大小。最后将渔线拉紧打结，将线头藏于珠中，剪去多余的线头，戒指就制作完成了。

花前月下

材料： 8mm 彩白圆形切面水晶珠 A，6mm×5mm 浅绿椭圆切面水晶 B，4mm 绿色水晶菱珠 C，3mm 绿色水晶菱珠 D，2mm 浅绿米珠 E。

配件： 一条 60cm 渔线。

工具： 剪刀。

制　作　步　骤

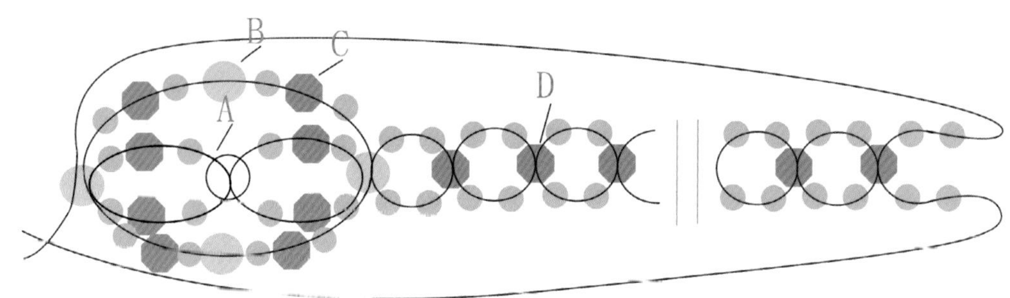

1. 先取一条 60cm 渔线，从切面水晶珠 A 处串起。
2. 接着串好切面水晶 B、菱珠 C、米珠 E 串好，完成戒指主体花部分制作。
3. 将水晶菱珠 D、米珠 E 串好，完成戒指指环部分制作。
4. 固定整理线尾，完成作品。

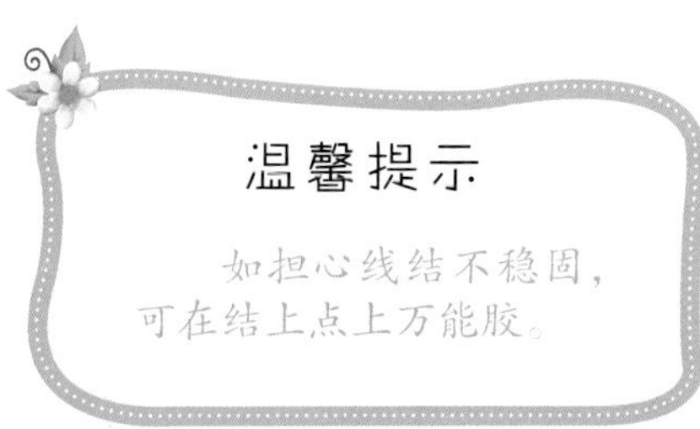

温馨提示
如担心线结不稳固，可在结上点上万能胶。

挂饰

幸运星

材料： 卡通米奇配件，12mm 淡黄色珠，五角星形配件，黄色不规则塑料配件。

配件： 9 针，大单圈，挂饰绳头。

工具： 圆嘴钳，剪刀，打火机。

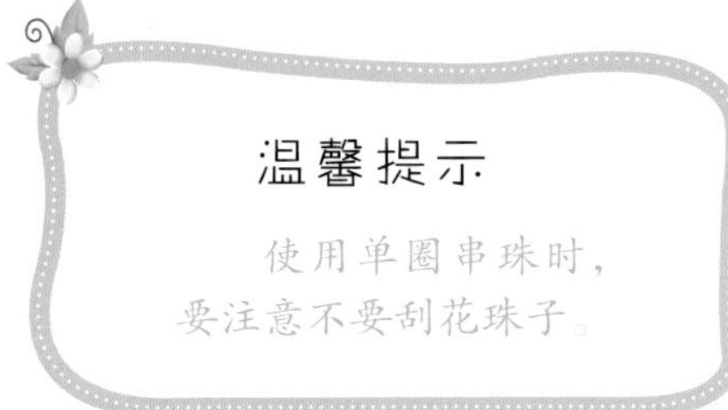

温馨提示
使用单圈串珠时，
要注意不要刮花珠子。

制 作 步 骤

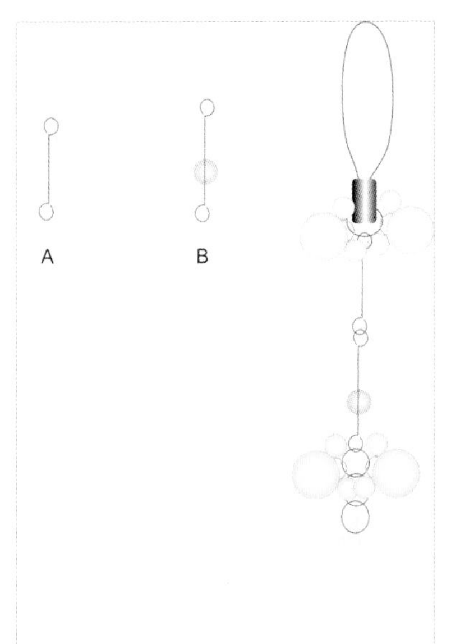

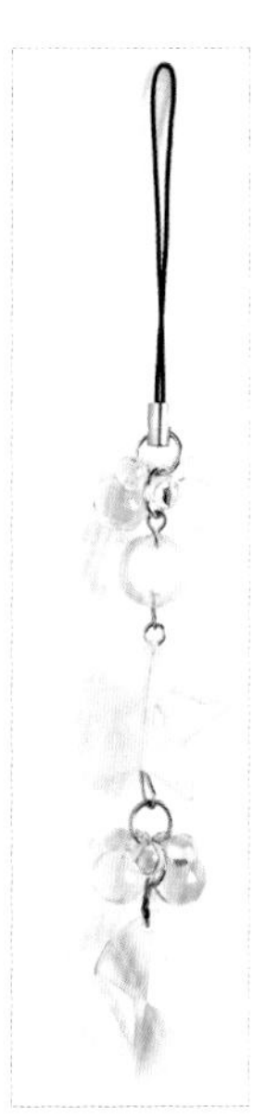

1. 用 9 针将淡黄色珠和五角星形配件穿起来，制作成配件 A、B。
2. 用大单圈将制作好的配件 A 和 B 连接起来。
3. 然后将卡通米奇头配件用大单圈穿好，参照图中的方法和顺序连接起来。
4. 最后接上挂饰绳头，手机链即制作完成。

蓝花陶瓷链

材料： 淡蓝色透明灯笼形珠，灯笼形瓷珠，8mm 淡蓝色透明菱形珠，蓝色透明米珠。

配件： 蓝色蜡绳，酒杯形花托。

工具： 剪刀，热熔胶枪。

制　作　步　骤

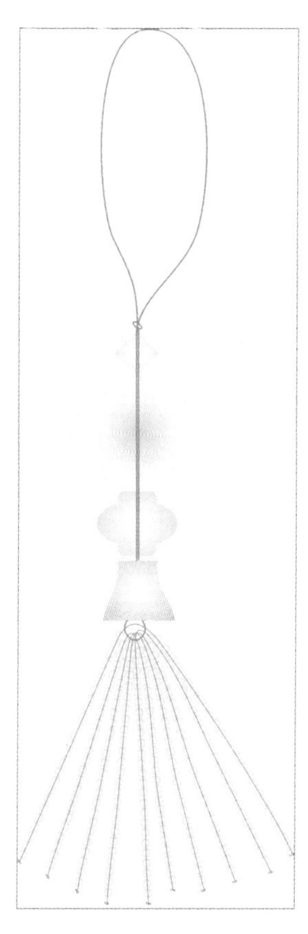

1. 截取 5 段长度相等的蜡绳，全部穿满米珠，并将线的末端用热熔胶固定。
2. 另截取一段蓝色蜡绳，对折，将对折端（留出一小部分）打结。
3. 2 条线共同穿入 1 颗菱形珠、1 颗灯笼形瓷珠、1 个透明灯笼形珠和 1 个酒杯形花托。
4. 用蜡绳的末端将穿好的 5 段米珠中间绑起来，多余的藏于花托内即可。

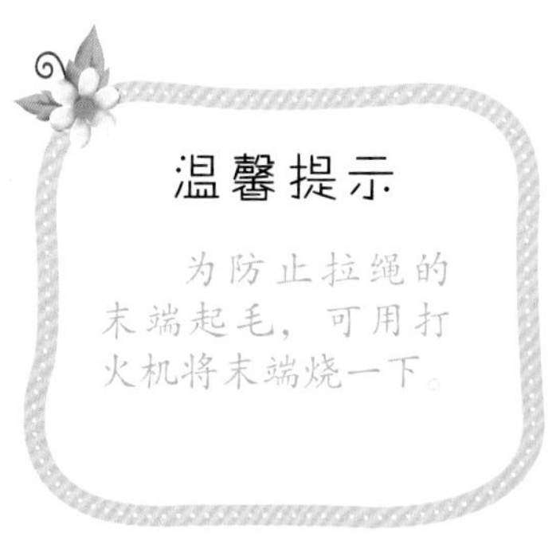

温馨提示
为防止拉绳的末端起毛，可用打火机将末端烧一下。

一心一意

材料: 3mm人造水晶角珠，8mm透明圆珠，2mm透明米珠。

配件: 渔线，手机链扣，渔丝绳，单圈。

工具: 剪刀。

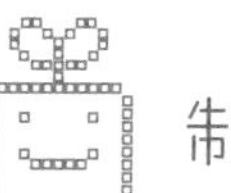

制　作　步　骤

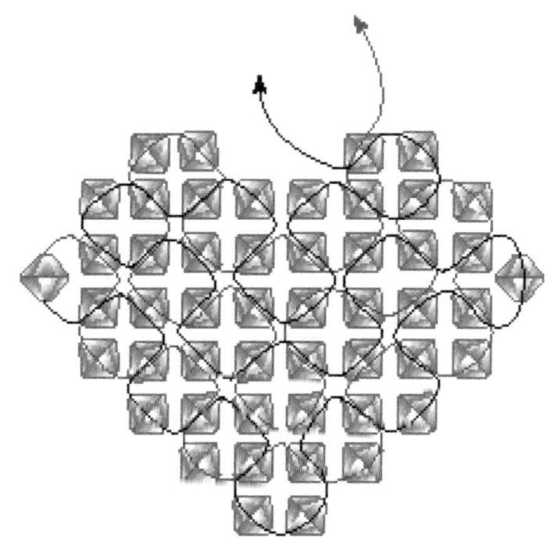

1. 按图示线路，以同样的方式完成2片（心的正面和底面）。

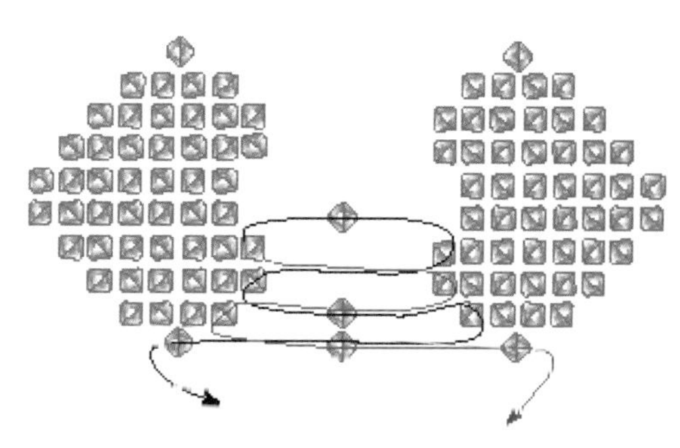

2. 将2片缝合。

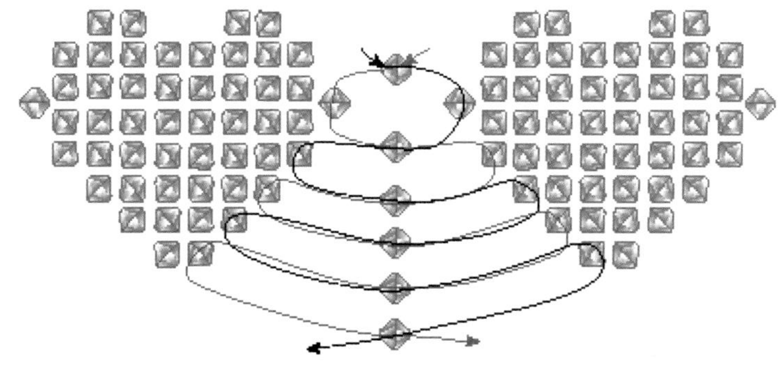

3. 在完全缝合之前，放入3颗8mm的圆珠，使之成为立体。

温馨提示
想用一条线完成作品，不想多次打结，就要在开始前先思考总体线路走向。

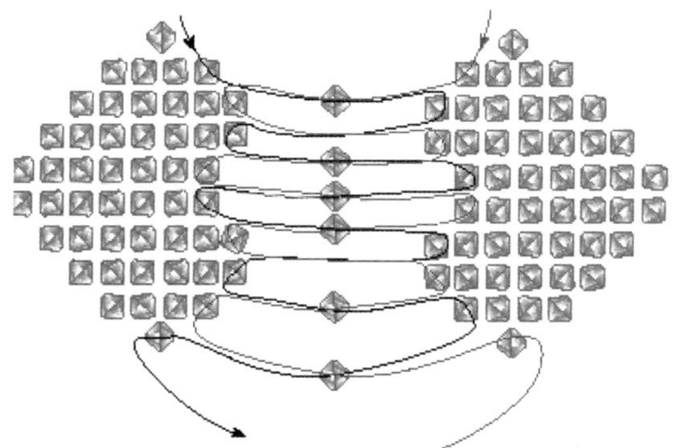

4. 如果只作为小摆设，那在2条线打结后，作品即完成。如果想做手机链或吊饰则加穿米珠环，然后连接手机链扣。

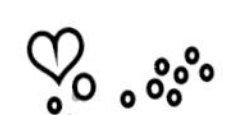

往日情深

材料： 5mm 蓝色猫眼石，淡紫色水滴形玻璃珠，淡蓝色叶形玻璃珠。

配件： T 针，单圈，调节链，手机绳头。

工具： 圆嘴钳。

制　作　步　骤

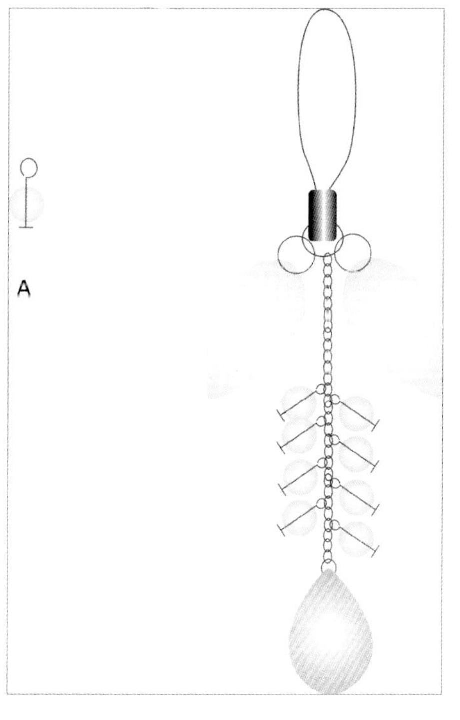

1. 用T针将5mm蓝色猫眼石穿起来，制作成配件A。
2. 截取一段调节链，将配件A参照图中的顺序挂在调节链上。
3. 用单圈将水滴形玻璃珠和叶形玻璃珠与调节链连接起来，再接上手机绳头，手机链即制作完成。

温馨提示
配件A的数量可由自己决定。

水钻珠链

材料： 10mm 白色仿珍珠，水钻隔片珠。

配件： 9 针，T 针，单圈，调节链，手机绳头。

工具： 圆嘴钳。

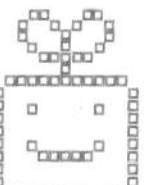

制　作　步　骤

1. 用T针将白色仿珍珠穿好，制作成配件A。
2. 用9针将白色仿珍珠和水钻隔片珠穿好，制作成配件B。
3. 截取2段长度相等的调节链，将制作好的配件A参照图中的方法挂在调节链上。
4. 最后用单圈接上手机绳头，一款手机链就制作完成了。

温馨提示
在其中一条调节链上多加一个珠子，这样就不会显得很单调

三条链

材料: 各种不规则蓝色玻璃珠，6mm 透明切面珠，蓝色猫眼石，6mm 蓝色菱形珠，蓝色长米珠。

配件: 9 针，T 针，单圈，调节链，金属配件，手机绳头。

工具: 圆嘴钳。

制　作　步　骤

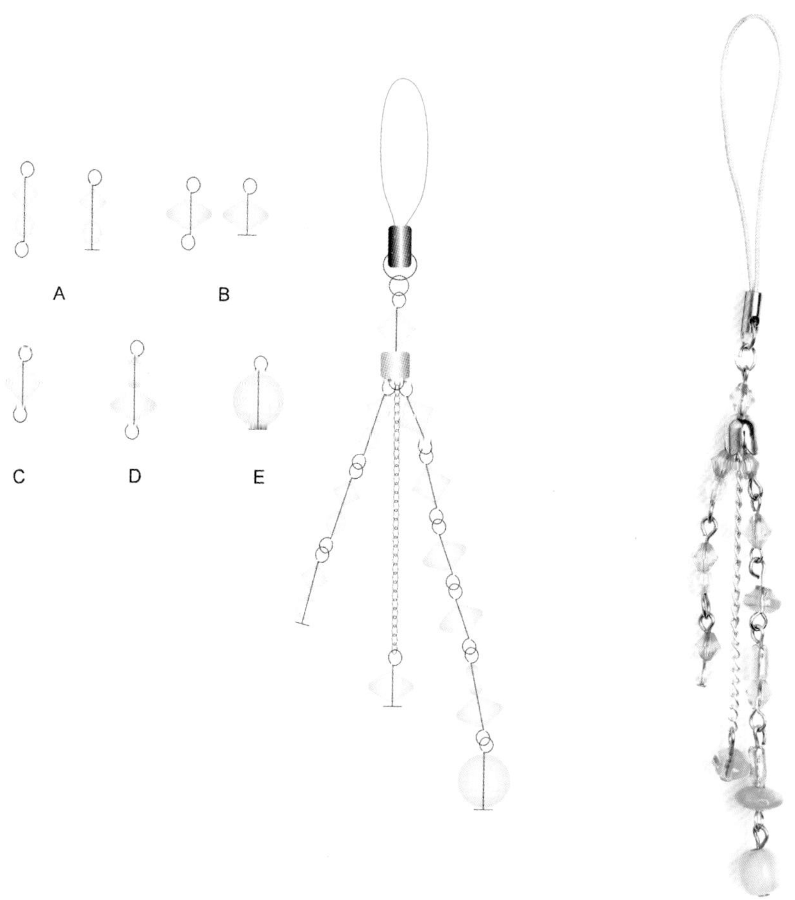

1. 用 9 针和 T 针将各种珠子穿好，制作成配件 A 组、B 组及配件 C、D、E。

2. 截取一段调节链，用单圈将制作好的配件参照图中的顺序和方法连接起来。

3. 最后接上手机绳头，手机链即制作完成。

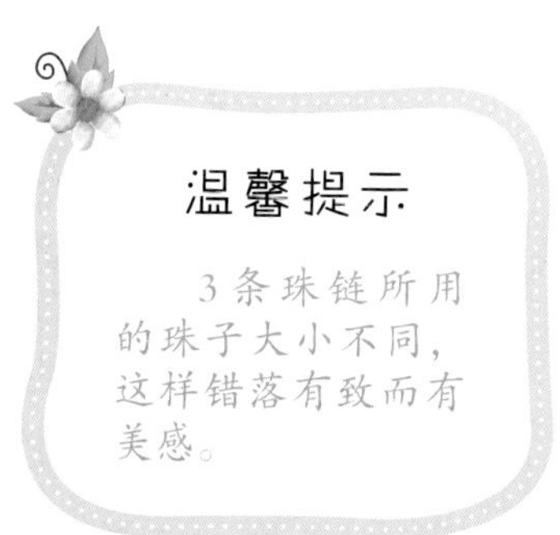

温馨提示
3 条珠链所用的珠子大小不同，这样错落有致而有美感。

小辣椒

材料: 6mm 透明菱形珠，6mm 白色猫眼石，橙黄色辣椒形玻璃珠。

配件: 手机绳头。

工具: 剪刀。

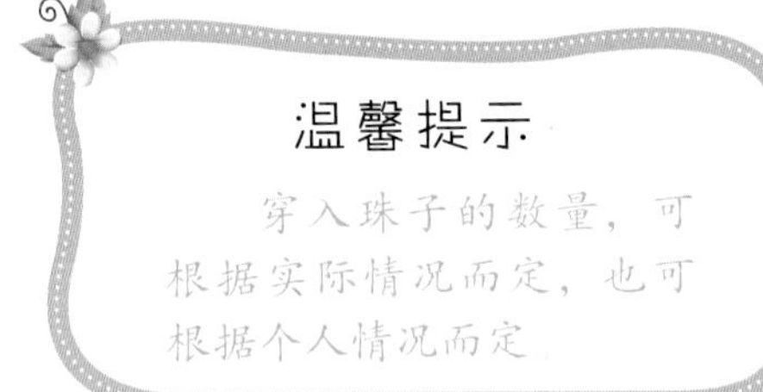

温馨提示

穿入珠子的数量，可根据实际情况而定，也可根据个人情况而定。

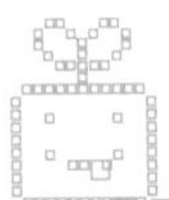

制　作　步　骤

图1

1. 将手机绳头系手机的一端打结，2 条线共同穿入 1 颗白色猫眼石和 1 颗 6mm 菱形珠，然后其中一线穿入 2 颗辣椒形玻璃珠，另 1 条线穿入 1 颗辣椒形玻璃珠，两线打结。
2. 参照图中的方法穿完剩下的部分。
3. 珠子穿完后，将线的末端打结，剪掉多余的部分，手机链就制作完成了。

绿水长流

材料: 水滴形绿松石，蓝色猫眼石，蓝色玻璃扁珠。

配件: 渔线，定位珠，贝壳扣，大单圈，手机绳头。

工具: 圆嘴钳，剪刀。

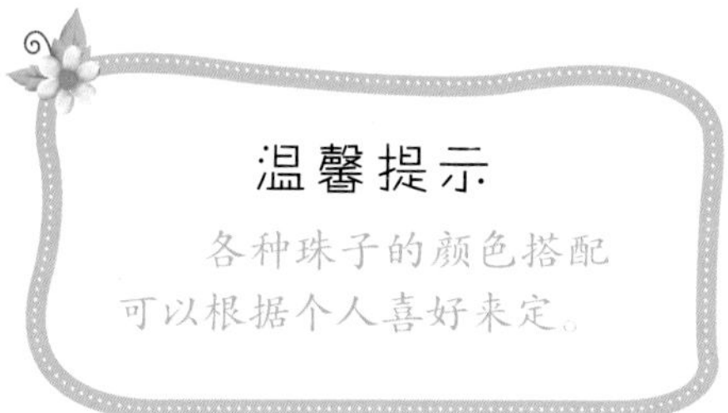

温馨提示
各种珠子的颜色搭配可以根据个人喜好来定。

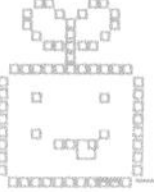

制作步骤

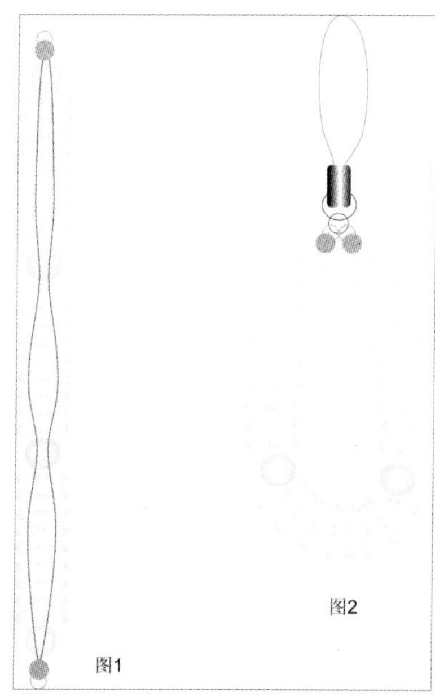
图2
图1

1. 截取一段渔线，对折，将对折端用贝壳扣和定位珠固定好。
2. 2 条线共同穿入一颗蓝色猫眼石，然后分别穿入约 9 颗水滴形绿松石，再共同穿入 1 颗蓝色玻璃扁珠。
3. 重复步骤 2 一次，参照图 1 中的方法和顺序，穿完剩下的部分。
4. 珠子穿完后，线的末端也用贝壳扣和定位珠固定好（如图 2）。
5. 最后用单圈接上手机绳头，手机链就制作好了。

诸事顺利

材料： 蓝色米珠，白色米珠，6mm 蓝色菱形珠，卡通小挂件。

配件： 手机绳头，渔线。

工具： 剪刀，打火机。

制　作　步　骤

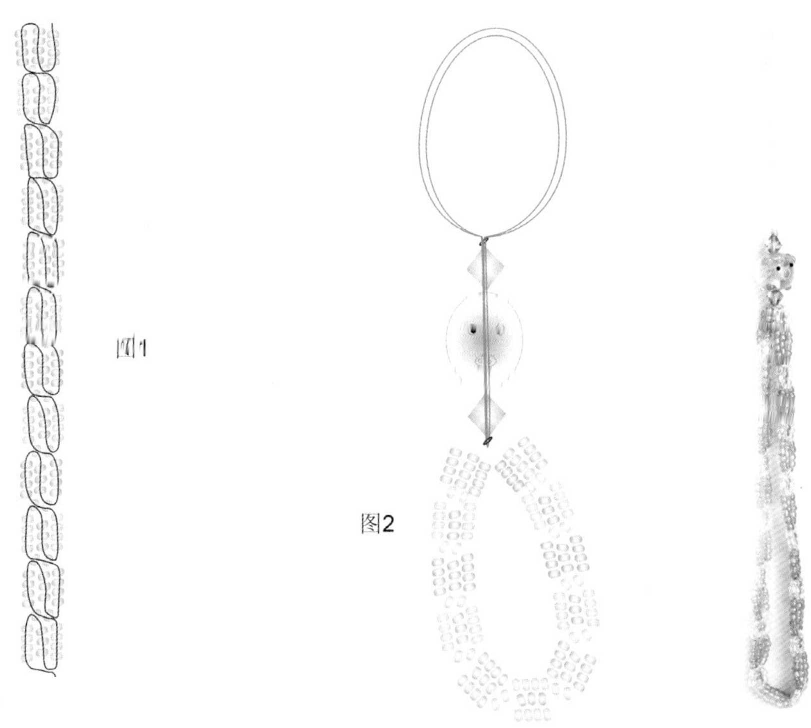

1. 截取一段渔线，参照图 1 中的方法，用蓝色米珠和白色米珠穿好链子部分，并将链子的两头绑在一起，多余的线头剪掉。

2. 将 2 条手机绳头对折，留出一小部分（绑手机部分），打结。

3. 然后穿入 1 颗 6mm 菱形珠、1 个卡通小挂件、1 颗 6mm 菱形珠，穿好后，将绳头打结固定（如图 2）。

4. 最后用多余的绳头将步骤 1 中制作好的链子连接起来，手机链即制作完成。

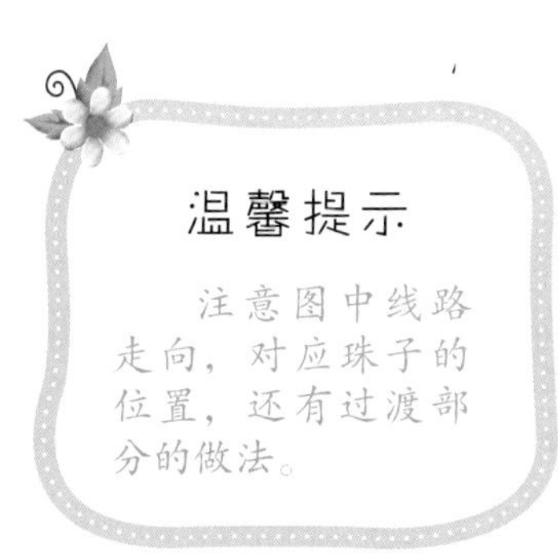

温馨提示
注意图中线路走向，对应珠子的位置，还有过渡部分的做法。

蓝色珠链

材料： 4mm 蓝色透明米珠，6mm 淡蓝色透明菱形珠，6mm 蓝色仿珍珠，4mm 金属切面珠，蓝色透明切面玻璃珠，10mm 蓝色仿珍珠。

配件： 渔线，花托，定位珠，单圈，手机绳头。

工具： 尖嘴钳，剪刀。

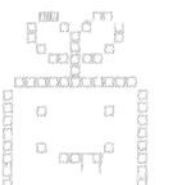

制　作　步　骤

1. 截取一段长度适合的渔线，先穿入一段长度约 20cm 的蓝色透明米珠。

2. 两线分别参照图中“1 颗金属切面珠 → 1 颗淡蓝色菱形珠 → 1 颗金属切面珠 → 1 颗 6mm 仿珍珠 → 1 颗金属切面珠”的顺序，穿入珠子。

3. 重复步骤 2 中的顺序，穿约 12cm 的珠子，再穿入约 15 颗米珠后，两线共同穿入 1 颗金属切面珠、1 颗 10mm 仿珍珠和花托，打结。

4. 两线再分别穿入数量相等且对称的珠子，线的末端用定位珠固定好。

5. 用单圈将手机绳头挂在穿好的链子上，长手机链就制作完成了。

温馨提示
珠链的长度可根据个人喜好而定。

红蜻蜓

材料：红色菱形珠，金色圆珠，小水滴，大水滴，黑色切面珠，花色盘珠。

配件：渔线，单圈，挂饰绳头。

工具：剪刀，尖嘴钳。

制　作　步　骤

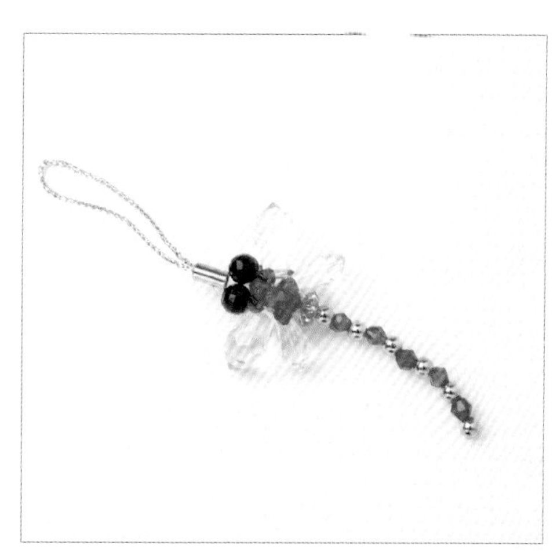

1. 截取一段长度适合的渔线，参照图中的方法和顺序将各种珠子穿好。
2. 珠子穿完后，用单圈将挂饰绳头挂在穿好的红蜻蜓头部，红蜻蜓挂件就制作完成了。

注：●为黑色切面珠；◆为红色菱形珠；●为金色圆珠。

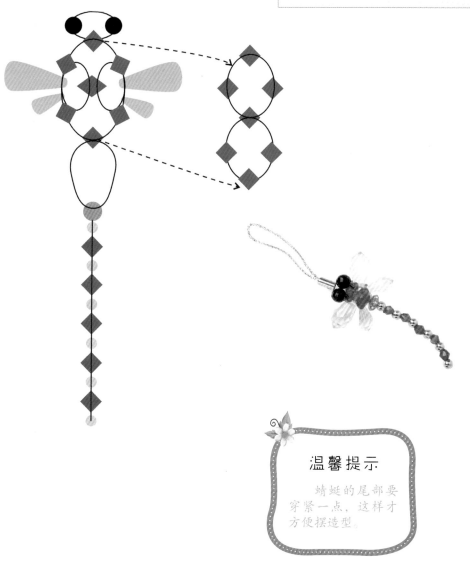

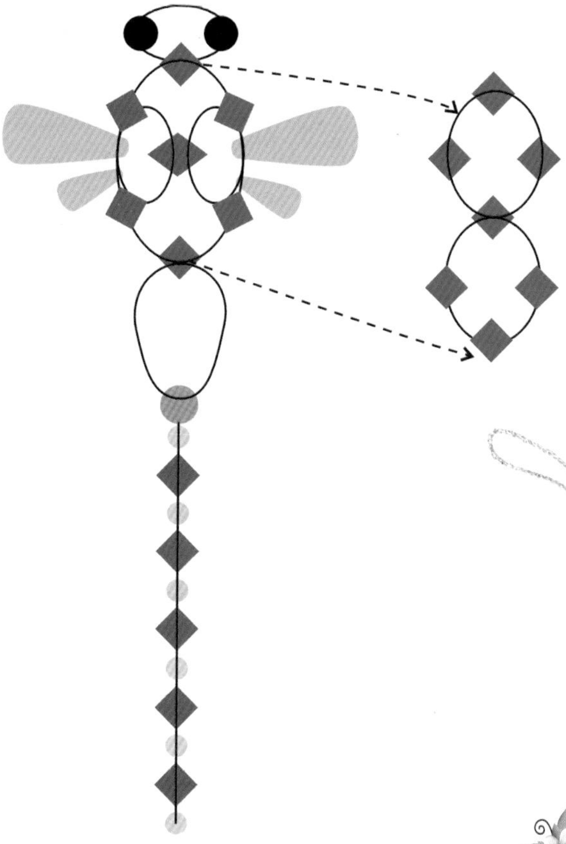

温馨提示

蜻蜓的尾部要穿紧一点，这样才方便摆造型。

磨砂花珠链

材料：淡黄色叶片珠，透明心形珠，透明圆珠，粉色葫芦形玻璃珠，粉色五瓣花形扁珠，蓝色磨砂花。

配件：渔线，定位珠，贝壳扣，单圈，挂饰绳头。

工具：圆嘴钳，剪刀。

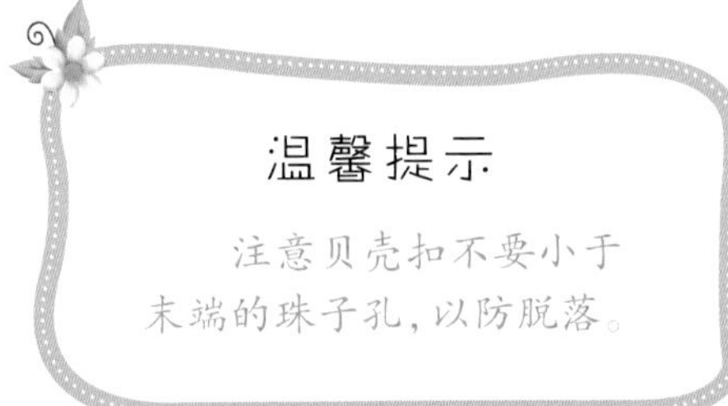

温馨提示

注意贝壳扣不要小于末端的珠子孔，以防脱落。

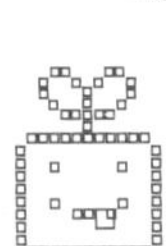

制 作 步 骤

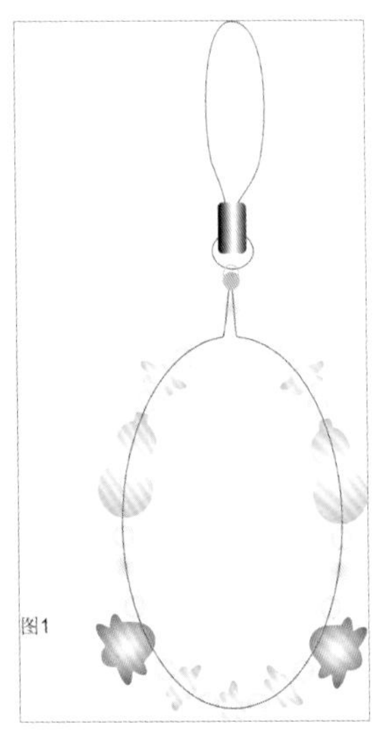

1. 截取一段渔线，参照图中的方法和顺序将各种珠子以左右对称的方式穿好。
2. 珠子穿完后，两线的末端用定位珠和贝壳扣共同固定。
3. 用单圈接上挂饰绳头，挂链就制作完成了。

Part 3 串一串，串出新花样

立体串珠造型图解

注意事项：

1. 成品所需渔线的算法：主要珠子直径（mm）× 数量 ×2 倍＋ 45cm= 线长。
2. 操作时需按照图表的顺序或绘图的同方向穿珠，绘图对穿处珠子中有交叉线时，穿珠时要分清方向。
3. 在穿珠时遇到特别注明“加腿处”或中途停顿时，需注明位置，防止穿珠时发生错误。
4. 渔线结束时，左右线都按已穿的路线回穿，每根线至少回穿 10 颗珠，以防脱线。

造型图解

1. 绘图图解（如图）

a. A、B、C 字母代表立体造型的层次顺序，1、2、3、4……代表该层的顺序。图中的 A 即起始第一圈，B1 即第二层的第一圈，B2 即第二层的第二圈，依次类推。

b. A 圈对穿珠左侧邻近的★珠为起始珠。第一层即 A 圈；第二层：B1 ~ B5；第三层：C1 ~ C5。

c. 本书均为左手过珠、右手加珠，以逆时针方向穿珠。

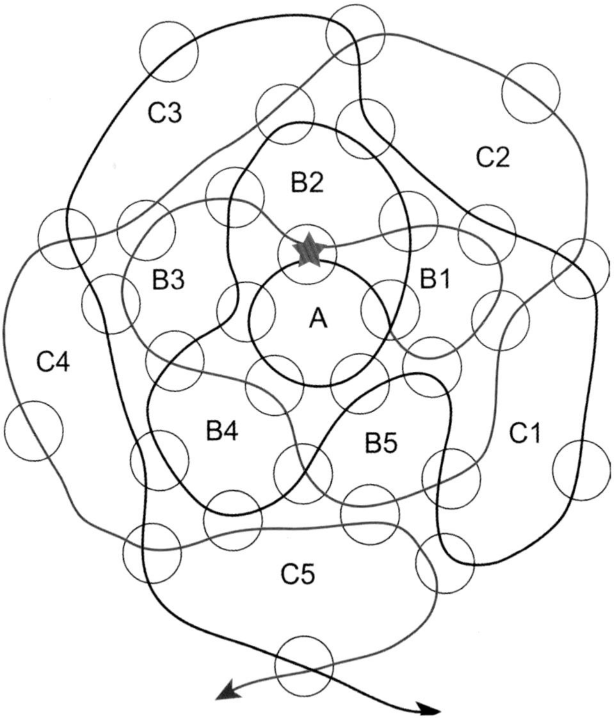

2. 图表解读（以下表为例）

a. 步骤	①	②	③	④	⑤	⟸ 穿珠的先后顺序
左线过珠	0	0	1	过 1 加 3	0	⟸ 左线穿珠或加珠的状态
				红		⟸ 左线加的珠子的建议颜色
右线过珠	5	☆ $4^{1\text{红}}$	3	0	过 1 加 3	⟸ 右线的工作状态
	白	白	白		红	⟸ 右线加的珠子的建议颜色
对穿后成型	5	5	5	5	5	⟸ 左线完成后与右线最后一颗珠子对穿后形成的圈的珠子数

b. ①步图解：

（右）黑线加白珠①～⑤，（左）红线在珠⑤对穿，5珠一圈，对穿后红线变右线，黑线变左线（下同）。

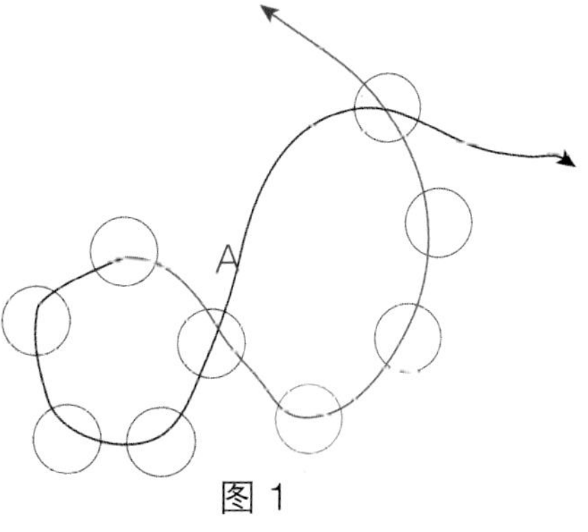

图 1

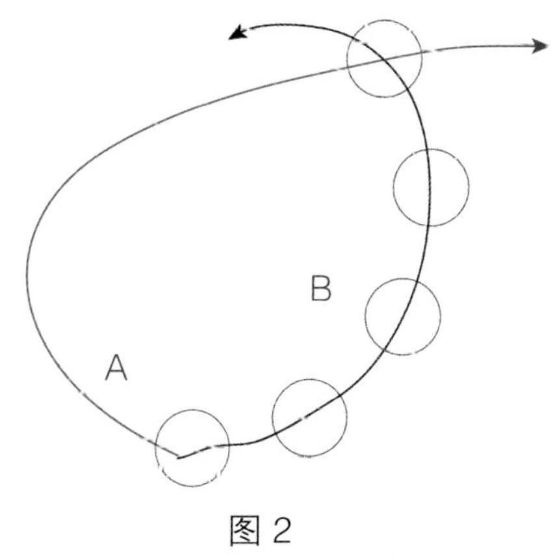

图 2

②步图解：

右线加珠①～④，珠①为红色，其余为白色，黑线在珠④对穿，5珠一圈。

③步图解：

红线过A圈1珠，黑线加白珠①～③，红线在珠③对穿，5珠一圈。

图 3

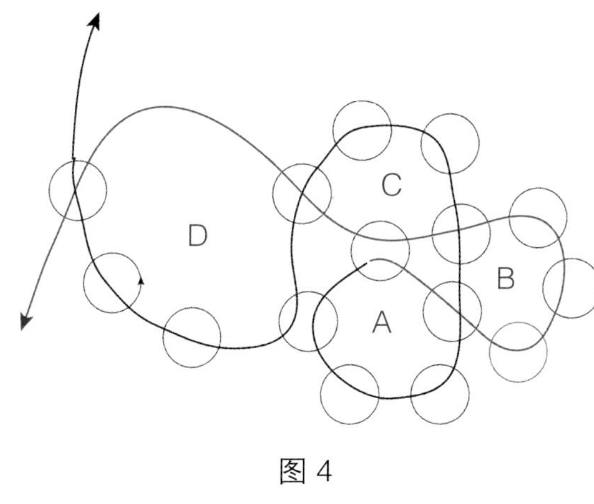

图 4

④步图解：

黑线过A圈1珠再加红珠①～③，红线在珠③对穿，5珠一圈。

⑤步图解：

黑线过C圈1珠加红珠①～③，红线在珠③对穿，5珠一圈。

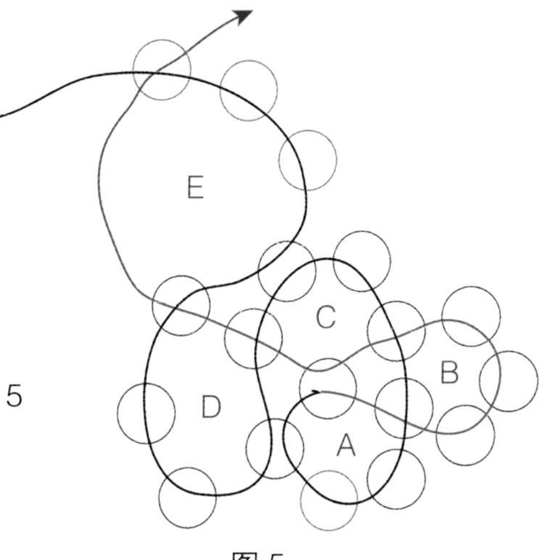

图 5

笔 筒

材料： 12mm 珠：红珠 ×196，蓝珠 ×32，粉红珠 ×24。

配件： 0.7mm 渔线适量。

工具： 剪刀。

制 作 步 骤

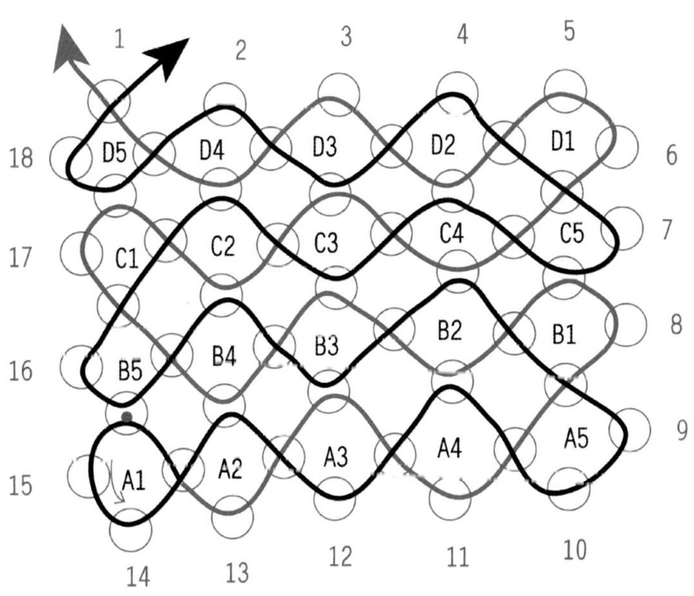

图 1：筒底示意图

1. 取 200cm 渔线依图 1　所示从 A 圈起始珠开始穿珠，到 D5 后接图 2。

2. 依图 2 所示，从 A1 圈，即图 1 的 D5 圈，穿珠至 F10。E17、F10 均是单根黑线加 2 粉红珠过 2 红珠后形成。

3. 图 2 中的 A ~ E 与 A′　~ E′ 分别对应为同一珠子，实物中两侧面互为直角。

4. 图 1、图 2 中的 1 ~ 18 为相同珠子。

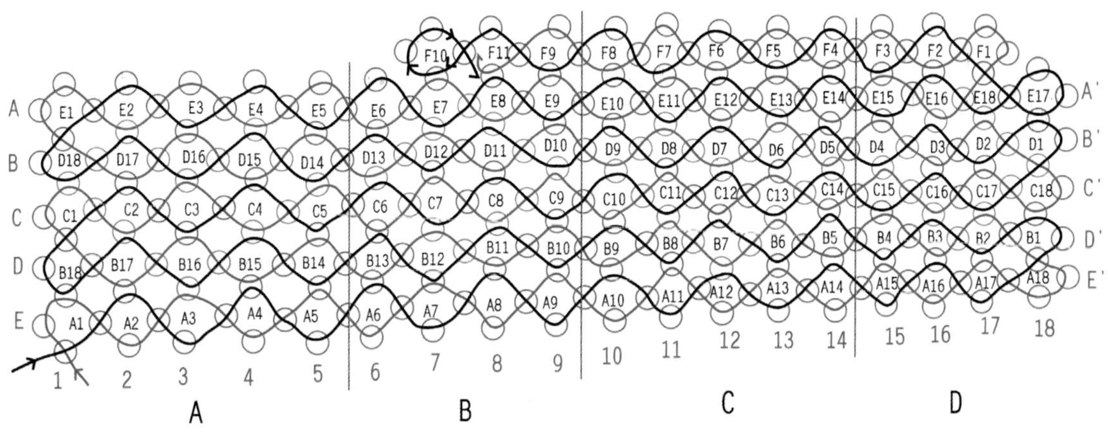

图 2：筒身示意图

底部第 一层

底部完成时收口

加筒身与底部呈直角

加心形 1

加心形 2

最后用单线加 4 珠一圈再回穿一圈收线

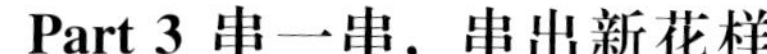

方形纸巾盒

材 料: 14mm 珠：白 珠 ×316，黄 珠 ×172，棕 珠 ×106，黑圆珠 ×2，红珠 ×2，猫眼白 ×4。

配件: 0.7mm 渔线适量。

工具: 剪刀。

制　作　步　骤

1. 图 1 为方形纸巾盒相邻的两个侧面，实物中两面成直角。取适量渔线由图 1A 圈起始珠穿珠直到 E19 完成。在 C11 时，见图 2，另取 15cm 长渔线过珠 A 加狗嘴。

2. E19 完成后红、黑线接 E1 圈，对穿珠 E1 与 E 相同，依图 1 所示完成另外两个侧面。A1=A、B1=B、C1=C、D1=D、E1=E。

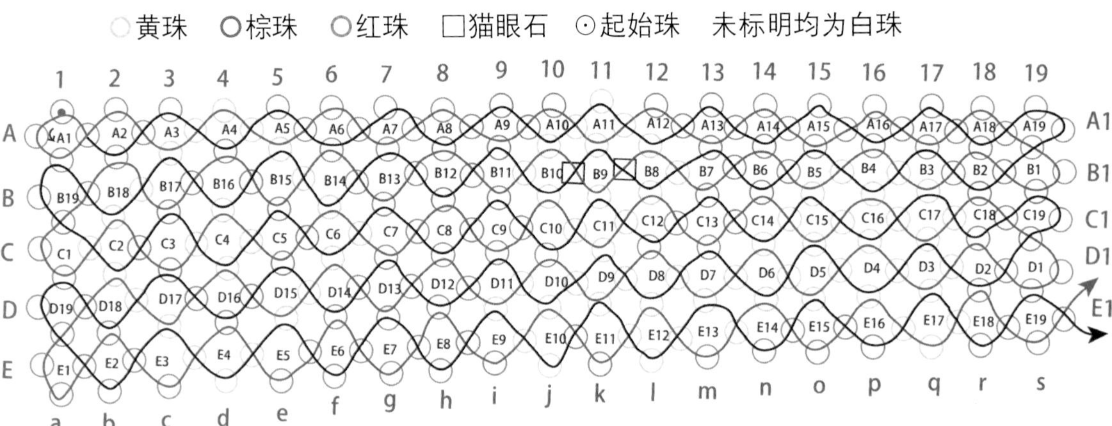

图 1

加眼睛

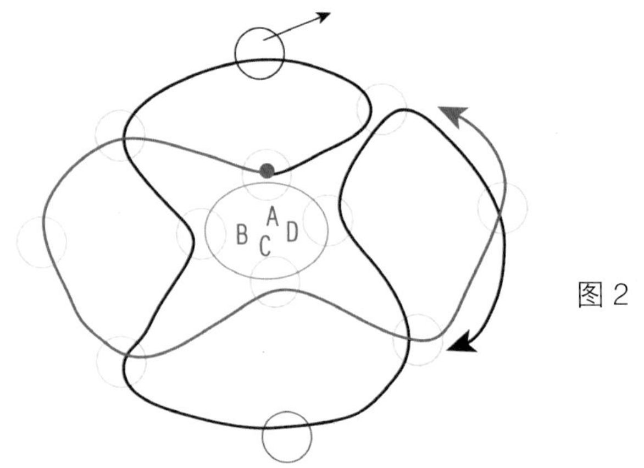

图 2

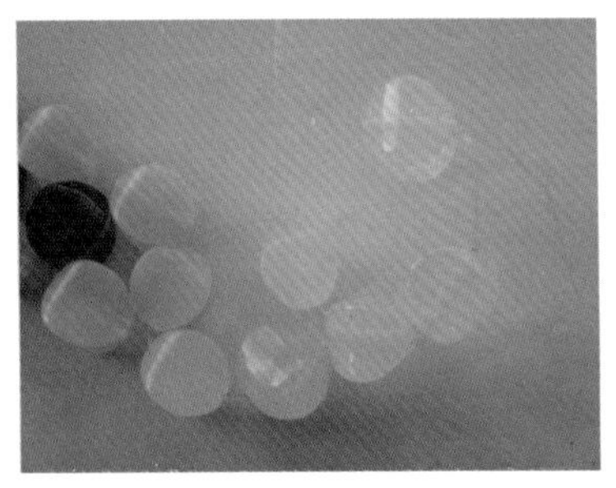

盒身

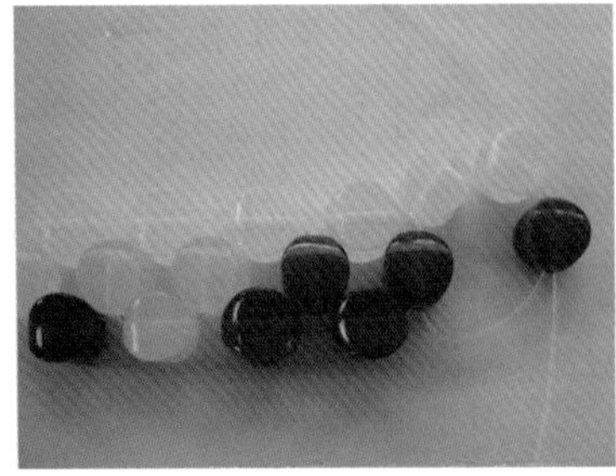

耳朵

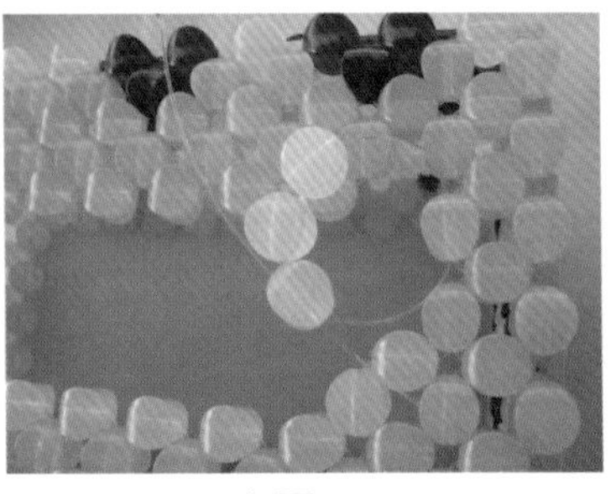

上平面

3. 顶面做法依照图 3 所示，取适量渔线过珠 7、8 后从 A1 圈开始穿珠，到 B23 结束，按箭头方向收线。

4. 底面做法依照图 4 所示，取适量渔线过珠 g、h 后从 A1 圈开始穿珠，到 A34 结束，按箭头方向收线。

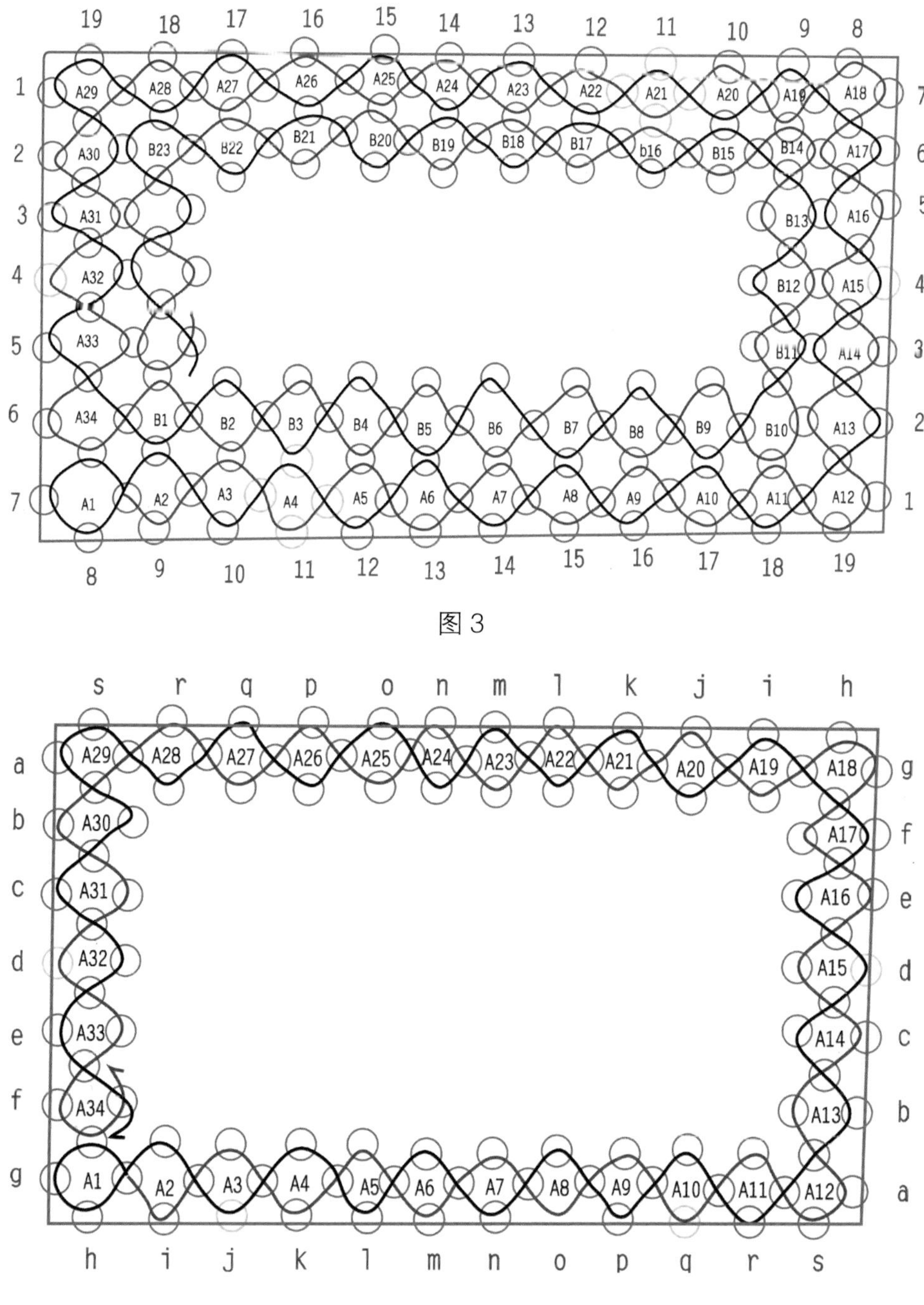

图 3

图 4

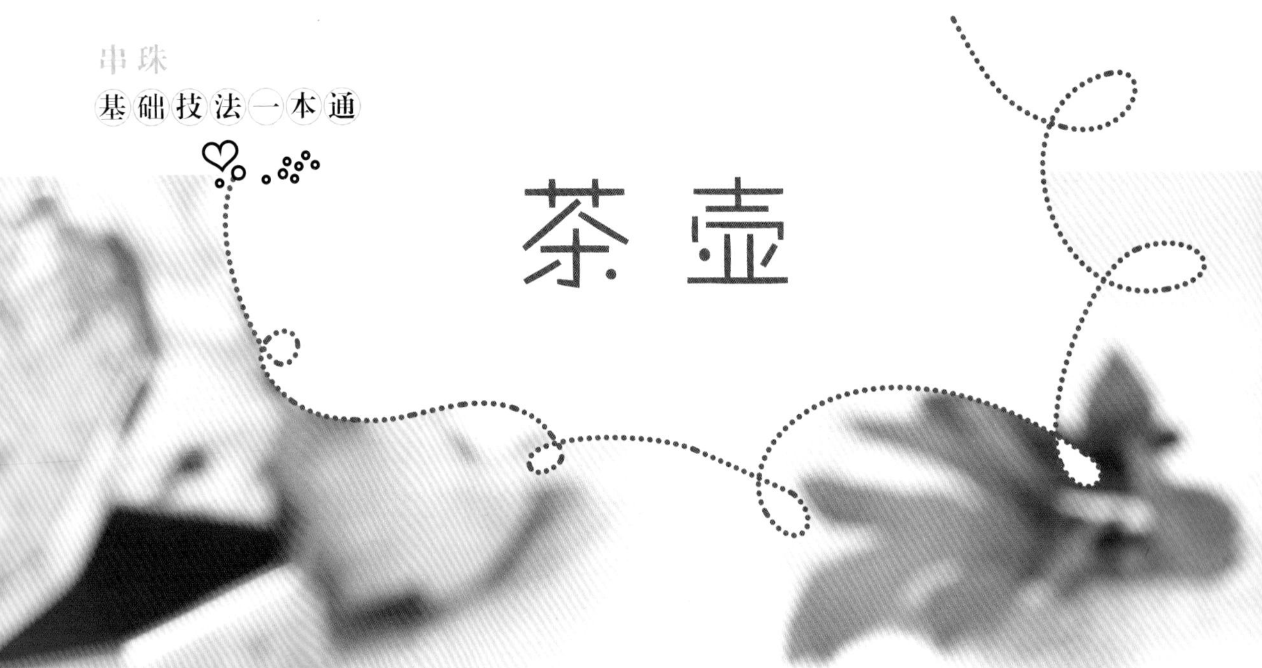

茶壶

材料： 10mm：白珠 ×36，棕珠 ×19；8mm：白珠 ×1；12mm：白珠 ×1。

配件： 渔线。

工具： 剪刀。

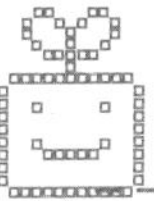

制 作 步 骤

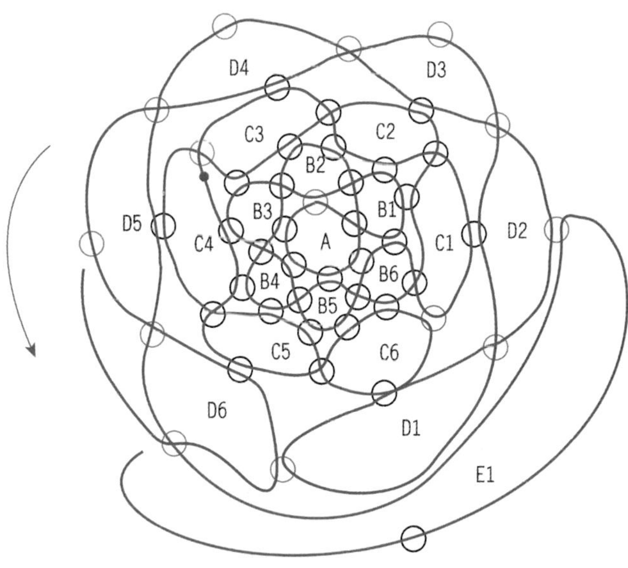

图 1：壶身示意图

1. 取 100cm 渔线从 A 圈起始珠开始穿珠，直到 E1 完成。在 C6 圈○珠加壶把；黑线过○珠加 5 棕珠后再回穿到原位，见图 2。

2. 图 1 ○ A 为加嘴位置。C3 完成后，黑线加 2 棕珠、1 白珠（8mm），并回穿 2 棕珠成壶嘴，见图 3，再过○ A 与红线形成 C4。

3. D6 完成后，红线过 2 珠加 1 白珠（12mm）后从图 1 所示箭头处回穿，黑线按箭头方向过一圈拉紧成型。

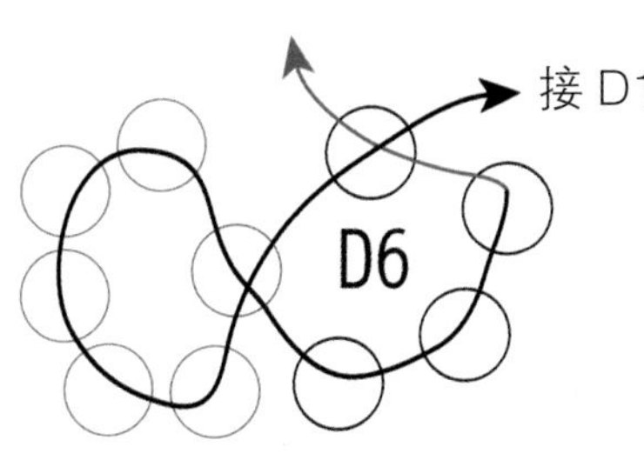

图 2：壶把示意图

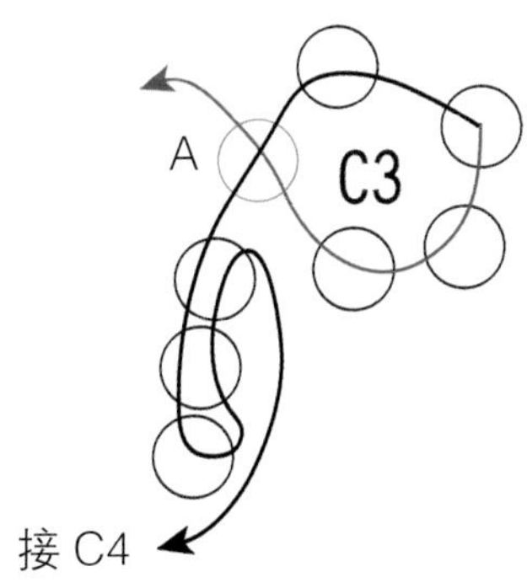

图 3：壶嘴示意图

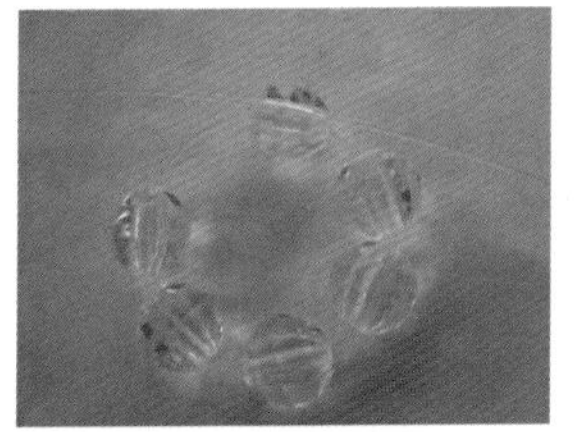
起始圈

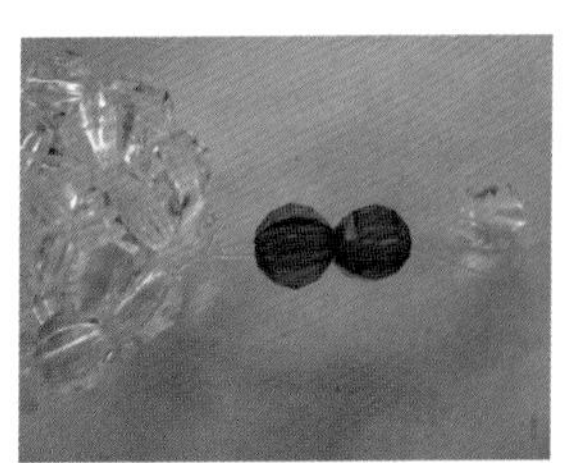
壶嘴

壶把

桃子

材料： 12mm：红珠 ×63，绿珠 ×3；8mm：绿珠 ×99。

配件： 0.7mm 渔线（用于桃身），0.6mm 渔线（用于桃叶）。

工具： 剪刀。

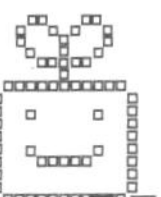

制　作　步　骤

1. 取 180cm 渔线依图 A 圈起始珠开始穿珠，在 A 圈黑线穿 3 珠后从起始珠回穿 2 珠再加 1 珠形成 A 圈及桃尖。

2. 在 E2 完成后，红线穿过 4 红珠 1 绿珠，到 A 珠与黑线对穿，形成 E3。

3. 图 1 中 A、B、C 三珠为加叶珠，另取一根 25cm 渔线过珠 A、B，按图 2 穿珠成桃叶；另取 2 根线分别过珠 B、C 和 A、C，按图 2 中的①～⑩工序穿珠，做另外 2 片叶子。

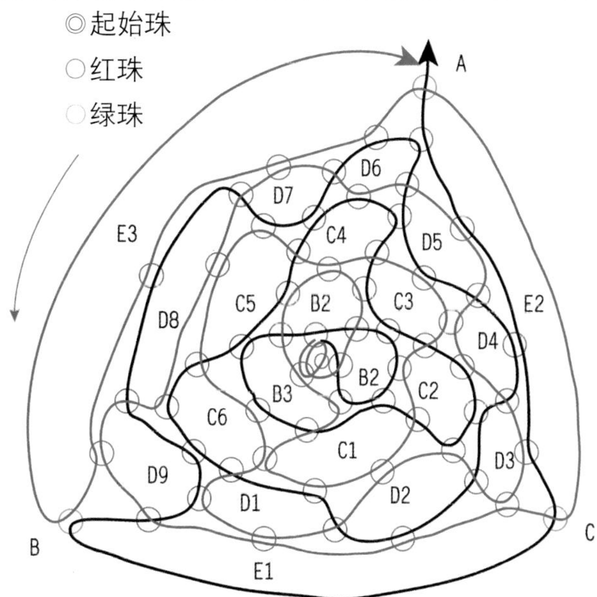

图 1：桃身图

桃身

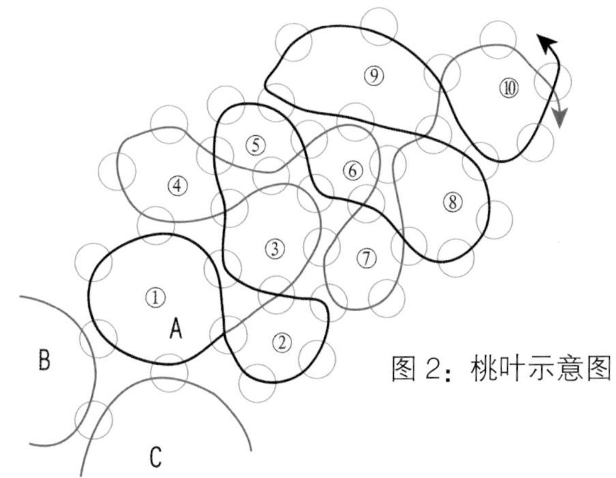

图 2：桃叶示意图

起始圈

注：A、B、C 为 12mm 珠，其余均为 8mm 珠。

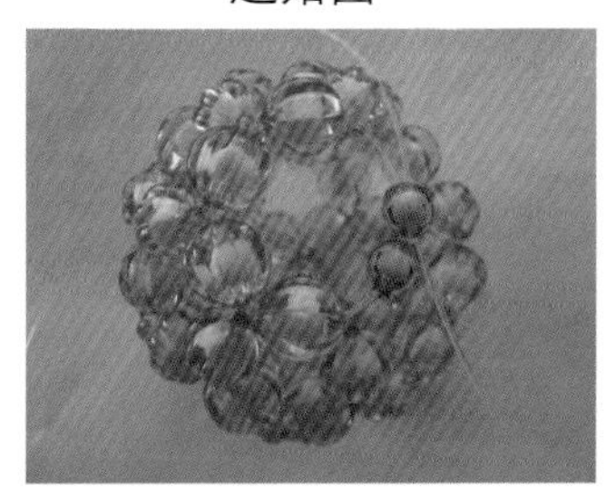

加桃叶

封口处

爱心

材料: 10mm:红珠 ×112。

配件: 渔线,(中国结 + 流苏)×1 套。

工具: 剪刀。

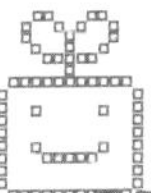

制　作　步　骤

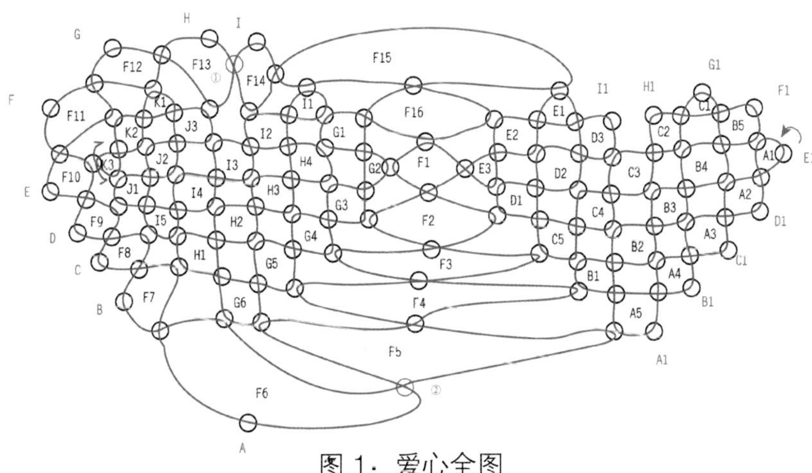

图 1：爱心全图

1. 取 150cm 渔线，依图从 A1 圈起始珠开始穿珠，H4 结束后黑线单线完成 I1，再与红线依次到 K3 完成。

2. F13、F5 圈中珠①②两侧为穿中国结的位置，中国结从①的两侧穿到②的两侧后接下方流苏即可。

3. 制作时，可在“爱心”中间放香包或电子灯之类的装饰品增加美感。

起始圈

单边收尾

90 度转角

中间连接处

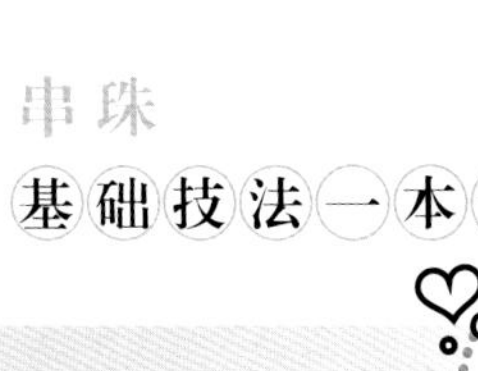

手提袋

材料： 6mm：粉红珠 ×51；1.2cm：长白珠 ×26。

配件： 渔线。

工具： 剪刀。

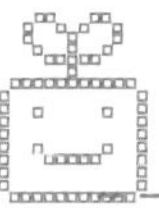

制 作 步 骤

○为长白珠
○为粉红珠
⊙为起始珠

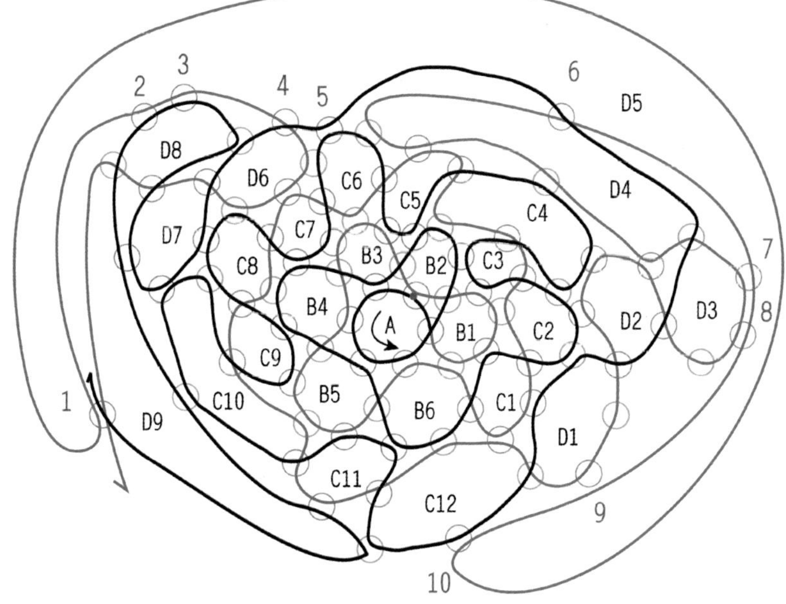

图 1：手提袋袋身全图

1. 取 160cm 渔线依图 1 中 A 圈起始珠开始穿珠。在 C4、D8 时，黑线回穿 1 珠后加珠完成 C4、D8。

2. D4 完成后，红线过 8、9、10 三珠再加 1、2、3、4 四珠，黑线过 5 珠后与红线在 4 珠中对穿，再完成 D6、D7、D8 三圈。

3. D9 完成后，黑线过 2 珠、红线过珠 10、9、8 三珠后加提把，如图 2。

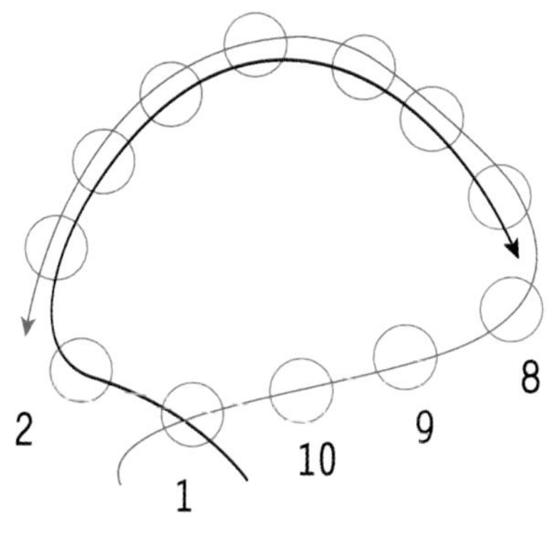

图 2：提把示意图

猫脸笔筒

材料： 10mm 珠：青珠 ×129，黄珠 ×190，黑眼珠 ×4，红珠 ×10。

配件： 0.7mm 渔线适量。

工具： 剪刀。

制 作 步 骤

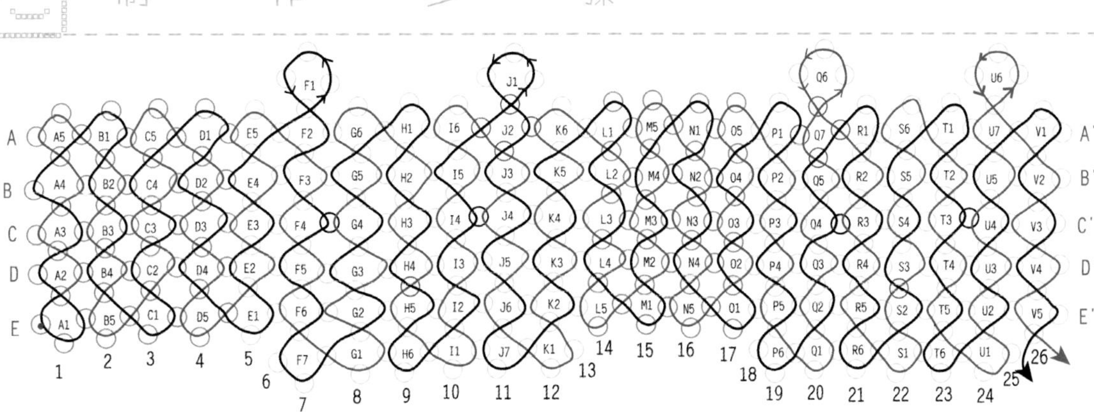

图 1：筒身示意图

1. 取 260cm 渔线依图 1 所示从 A1 圈起始珠开始穿珠，至 V5 完成后接图 2 的 A1 圈。

2. 在图 1 到 F1、J1 两圈时，用黑线单线加 4 颗珠并回穿 1 珠后再继续后一道工序。在 Q6、U6 两圈时，蓝线也是用单线穿成 Q6、U6，穿法与 F1、J1 相同。

3. 在图 1 完成后，蓝线过 1 珠后与黑线开始从图 2 的 A1 圈穿珠，至 I4 完成后按箭头方向回穿收线。

4. 图 1 中的 A 与 A′、B 与 B′、C 与 C′、D 与 D′、E 与 E′ 均为同一珠。

5. 图 1 中的 1 ~ 26 与图 2 中的 1 ~ 26 为同一珠。

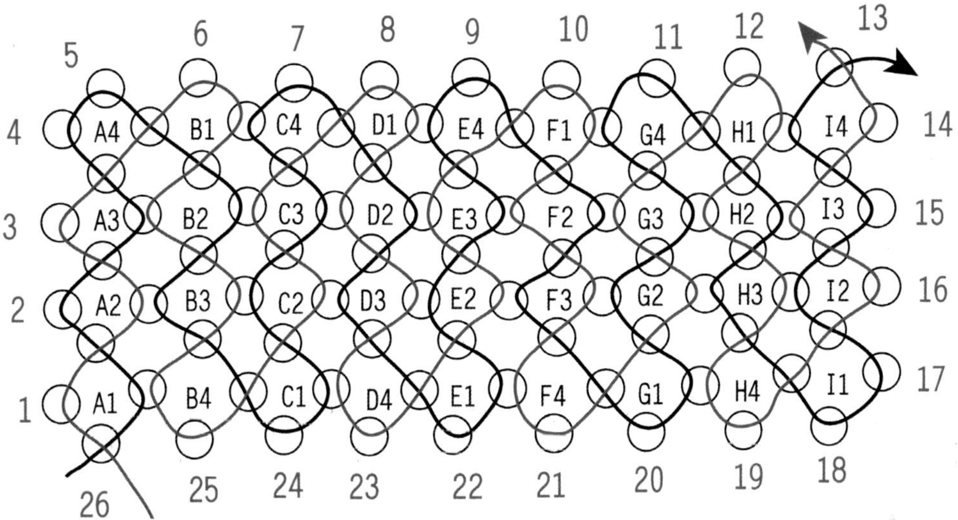

图 2：筒底示意图

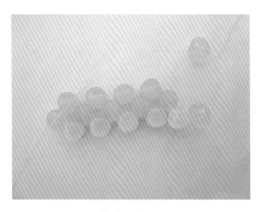

起始排

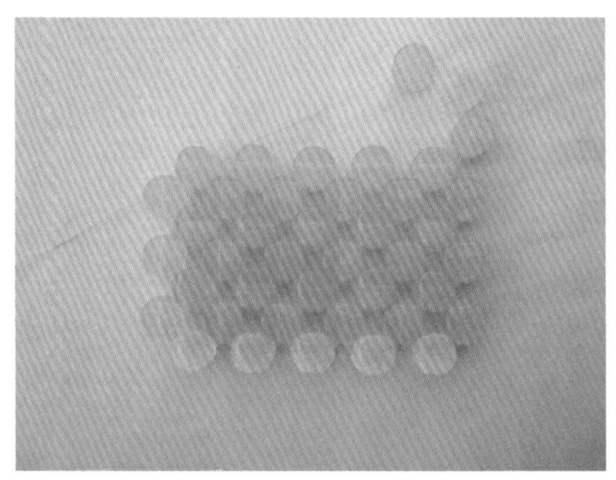
转角处

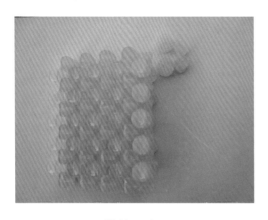

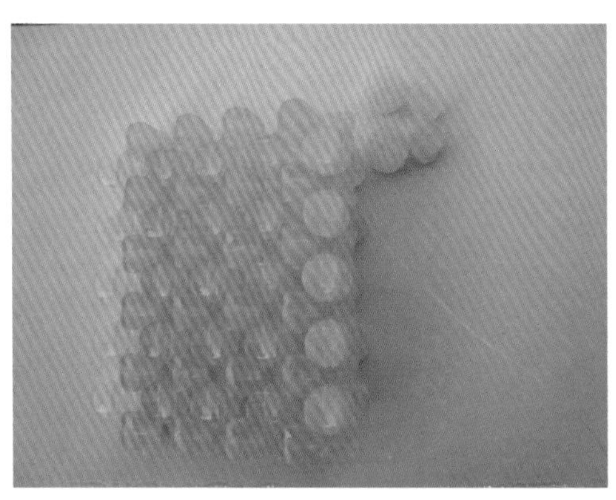
接第二个面

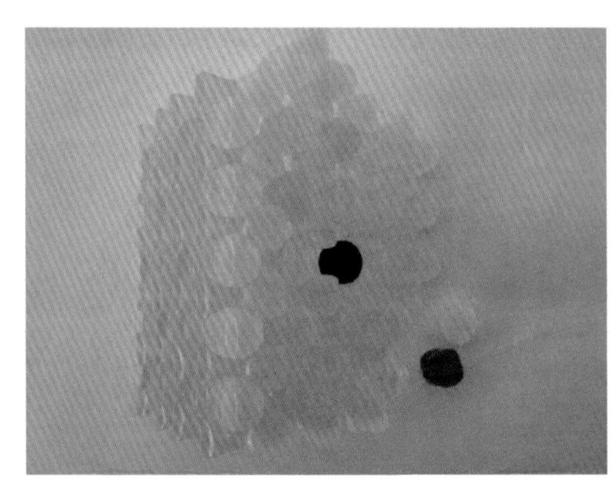
猫嘴

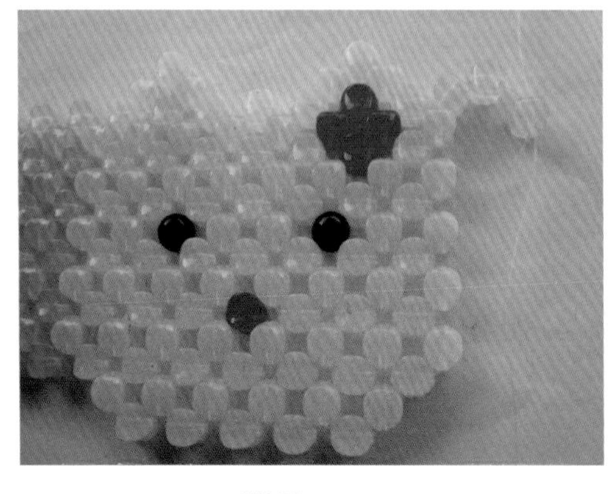
猫脸

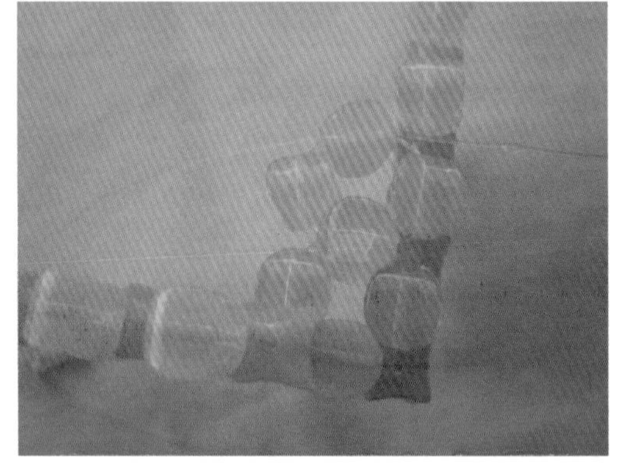
加底部

花篮

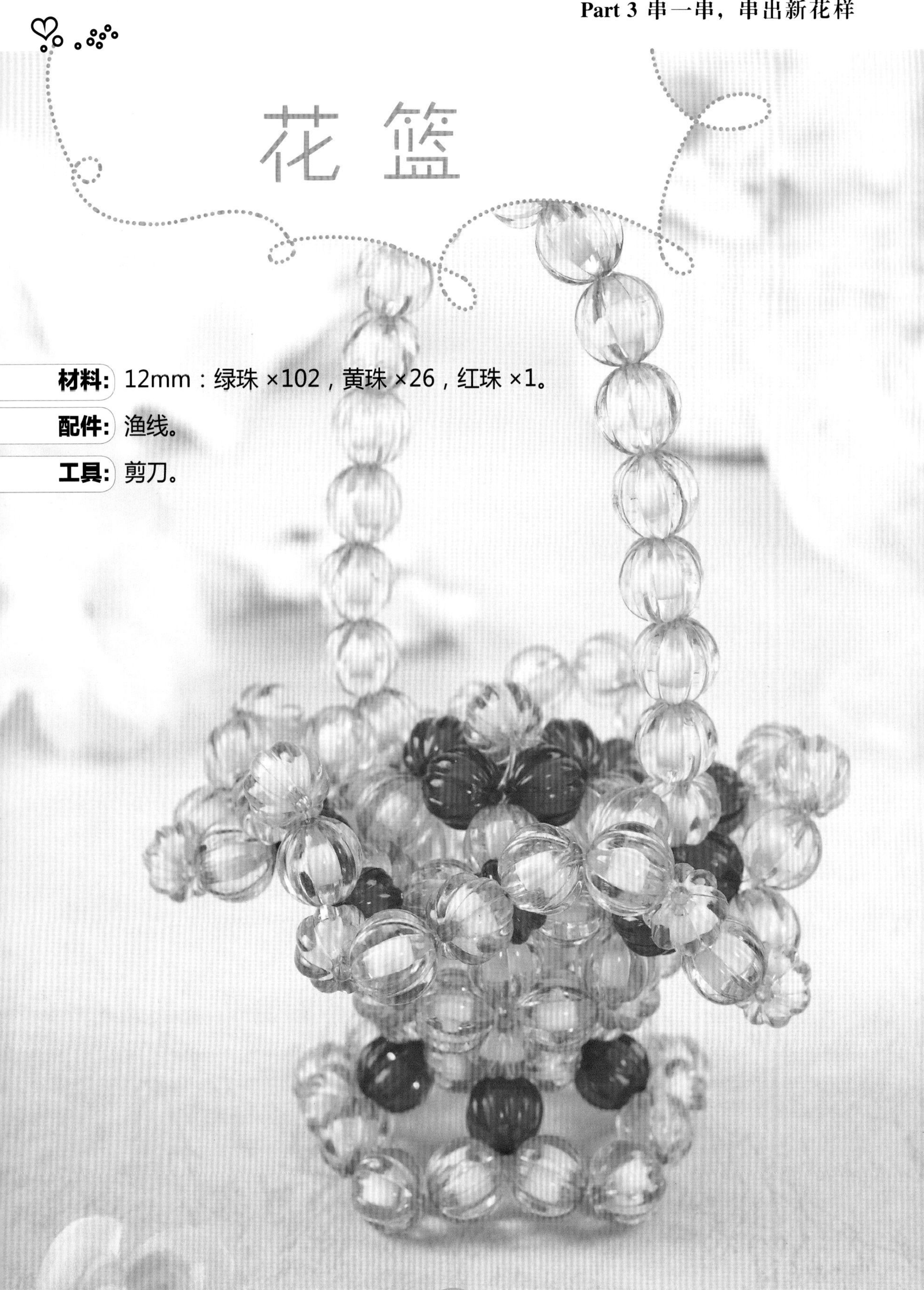

材料： 12mm：绿珠 ×102，黄珠 ×26，红珠 ×1。

配件： 渔线。

工具： 剪刀。

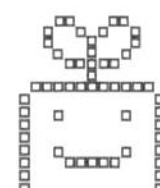

制　作　步　骤

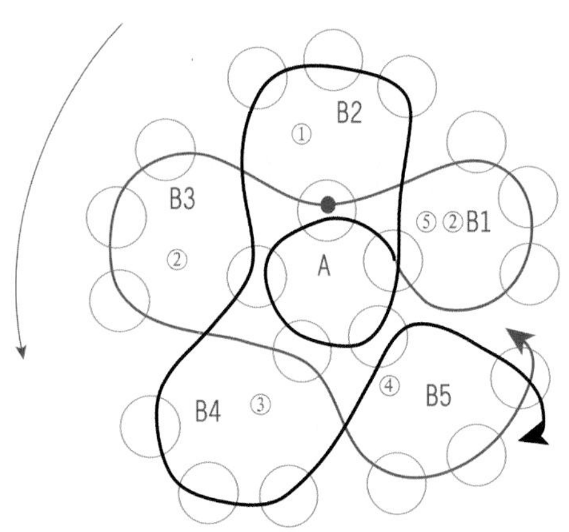

图 1：花篮底部示意图

1. 取 40cm 渔线依图从 A 圈起始珠开始穿珠，A 圈 5 珠一圈，B1 ~ B5 均为 6 珠一圈。

2. B5 完成后红黑线均按箭头方向回穿收线，A 圈的①~⑤接篮体部分，如图 2。

3. 另取一根 85cm 渔线过①珠后依图 2 开始穿珠，直到 E5 完成。

4. E5 完成后，红黑两线各穿过 1 珠，红线加 1 红珠与黑线对穿成花蕊。

5. 图 2 中 1 ~ 10 为做花篮花边的珠子，另取一根 40cm 的渔线过 1 珠后，如图 3 开始穿珠。

起始圈

篮身

花蕊处

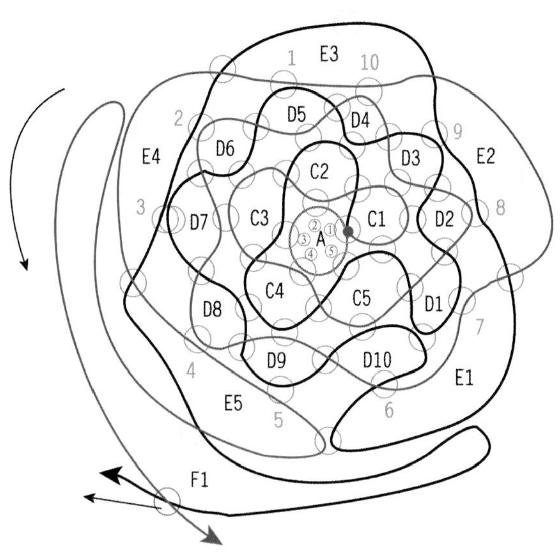

图 2：篮体示意图

6. 依图 3 逆时针穿珠，直到 G10 完成，完成后红线、黑线按箭头方向回穿到 10 珠两侧后按图 4 做篮把。

7. 按图 4，黑线、红线各加 1 绿珠后，两线同时依次加 2 绿、2 黄、2 绿、2 黄、2 绿、2 黄、2 绿珠，再分别加 1 绿珠，然后，将 5 珠对穿收线结束。

花

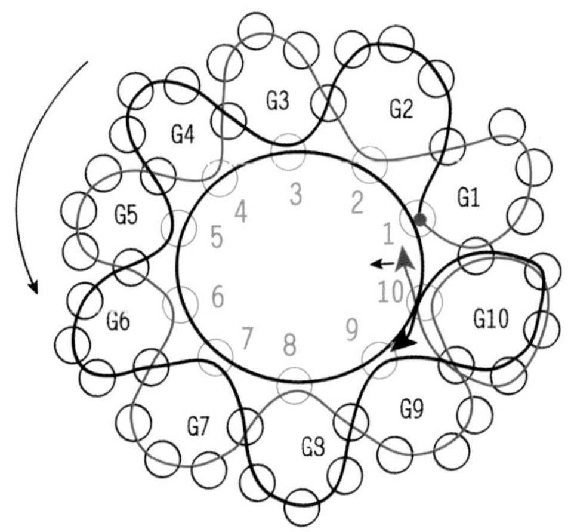

图 3：花篮花边示意图

花边

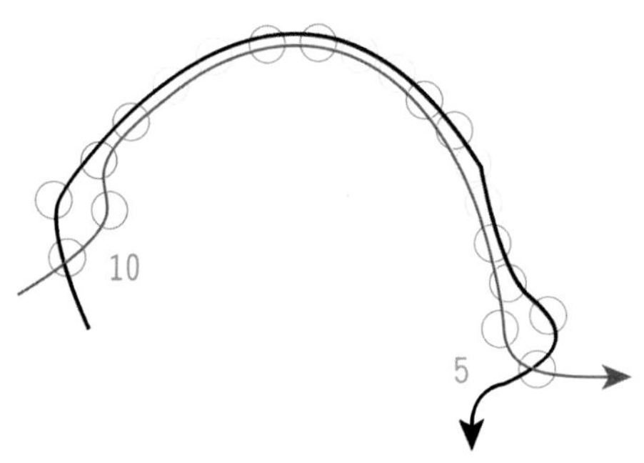

图 4：篮把示意图

提把

杯垫

材料: 10mm：红方珠 ×64，白方珠 ×40，紫红方珠 ×8。

配件: 渔线。

工具: 剪刀。

制　作　步　骤

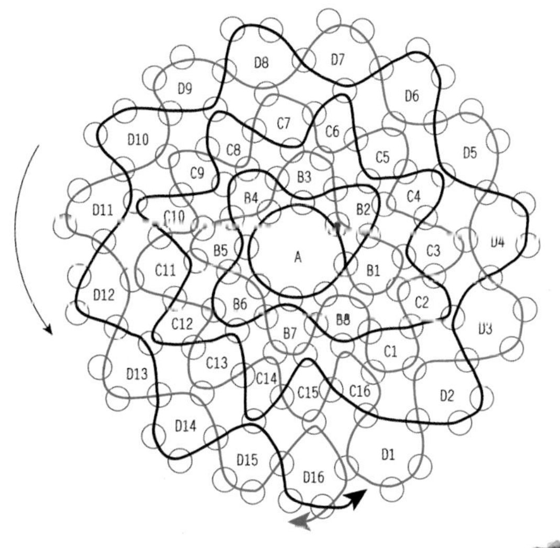

图 1：杯垫全图

1. 取 100cm 渔线依图中所示从 A 圈起始珠开始穿珠。
2. A 圈 8 珠一圈，B 圈 5 珠一圈，C 圈 4 珠一圈，D 圈 5 珠一圈。
3. D16 圈完成后，红黑两线按箭头方向回穿一圈收线结束。

起始圈

5 珠一圈

第三层 4 珠一圈

第三层收尾

第四层 5 珠一圈

收尾时加 2 红珠

乌龟

材料: 10mm 角珠：绿珠 ×77，白珠 ×27，红珠 ×1，黑珠 ×2。

配件: 0.7mm 渔线适量。

工具: 剪刀。

制　　作　　步　　骤

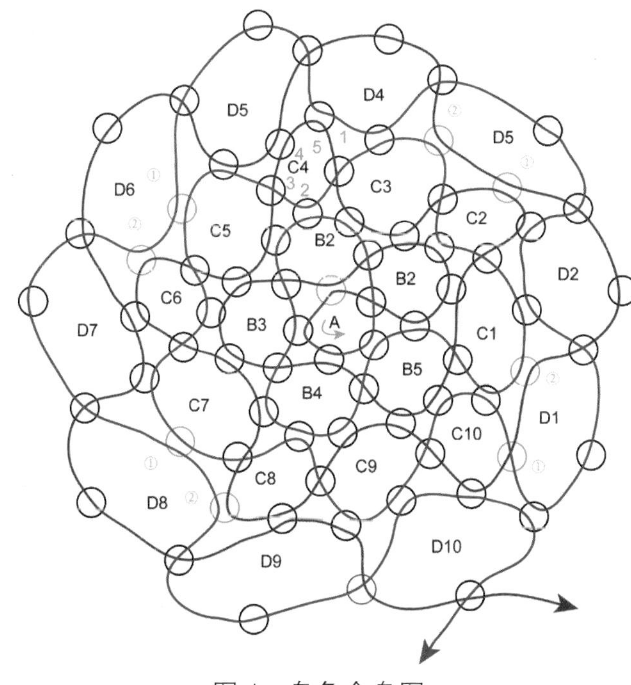

图 1：乌龟全身图

1. 取一根150cm长渔线依图1，5珠一圈开始穿珠，直到D10完成。完成D10后，红线需绕①～⑩一圈并拉紧，A～C圈为乌龟背部，D圈为腹部。

2. C4 圈加乌龟的头部，见图 2。另取一根 10cm 长的渔线过 1 珠依图制作。

3. 图中标绿色的珠①②为加脚处，加法见图 3，红线或黑线过珠①②后加 3 白珠，再从珠①②穿过后D1、D3、D6、D8 四圈。

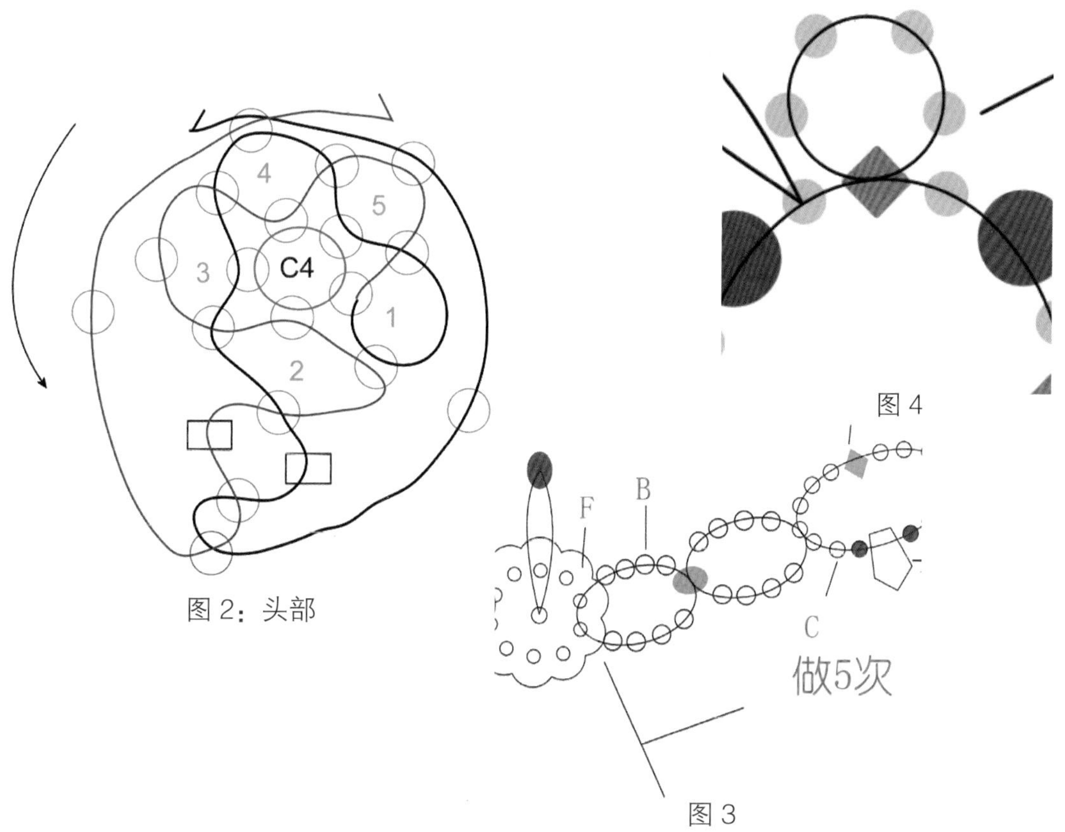

图 2：头部

图 4

图 3

起始处　背　身体

头部　嘴和眼　加脚

加尾

小猴子

材料： 10mm：金珠 ×235，白珠 ×37，红珠 ×2，黑珠 ×2；8mm：金珠 ×6；6mm：金珠 ×1。

配件： 0.7mm 渔线适量。

工具： 剪刀。

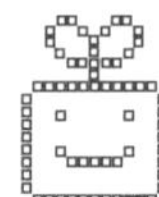

制 作 步 骤

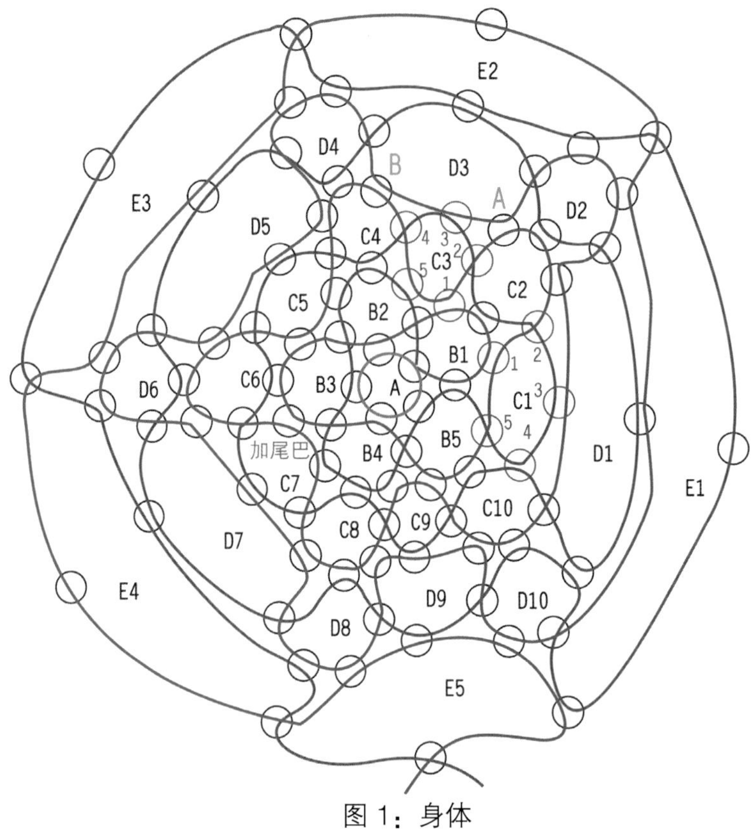

图 1：身体

身体

1. 取 200cm 长渔线由 A 圈以逆时针方向穿珠，C1、C3（1 ~ 5）为加猴腿处。

2. 当穿到 C6 结束后，蓝线过 1 珠后加 5 颗金色（10mm）、7 颗金色（8mm）、1 颗金色（6mm）珠子，然后再回穿到图 1 绿点处过 1 珠完成 C7。

3. 图 1 中 A、B 为加猴子手处：当穿珠到 C10 结束后，蓝线过 B_1 后加 1 白珠 4 金色珠从 A_1 处回穿过 B_1，D3 处 A、B 加手同 A_1、B_1 见图 2。

4. 图 1 最外层①～⑤接猴子头部见图 3。

5. 腿具体做法见图 4。

注：在图 1 向图 2 转换时，要确认珠子位置的正确性。

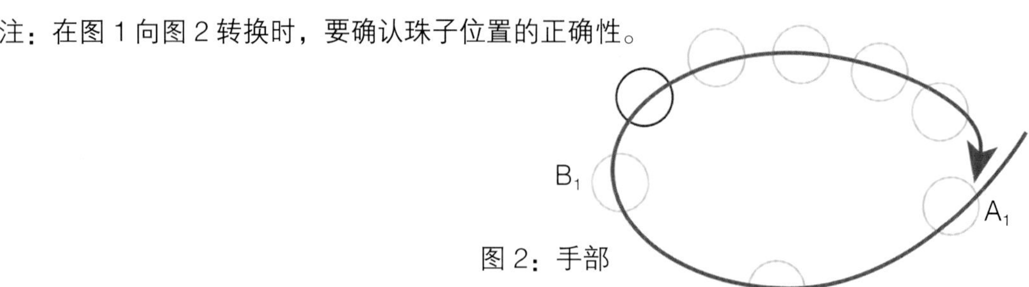

图 2：手部

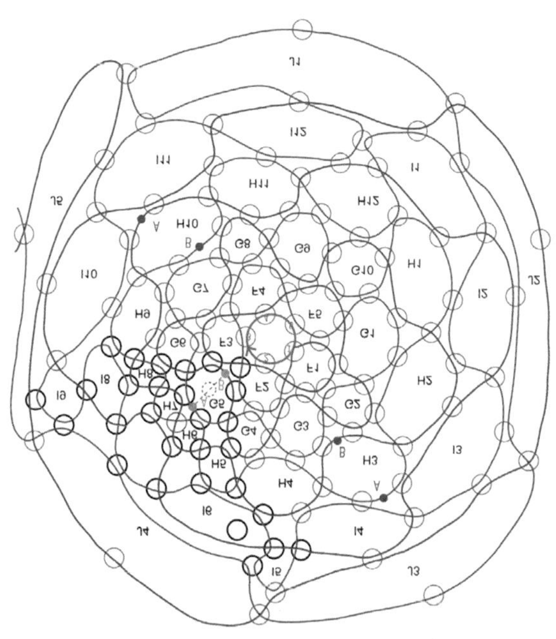

图 3：头部

头部

1. 在穿完 G4 结束后，蓝线过 1 珠后加 1 红珠从 A 回穿到 B，继续过珠，完成 G5。

2. 在穿完 H2、H9 后，蓝线过到 B 处后加 5 颗金色珠从 A 处回穿到 B 处，完成猴子耳朵，具体做法与图 2 相似。

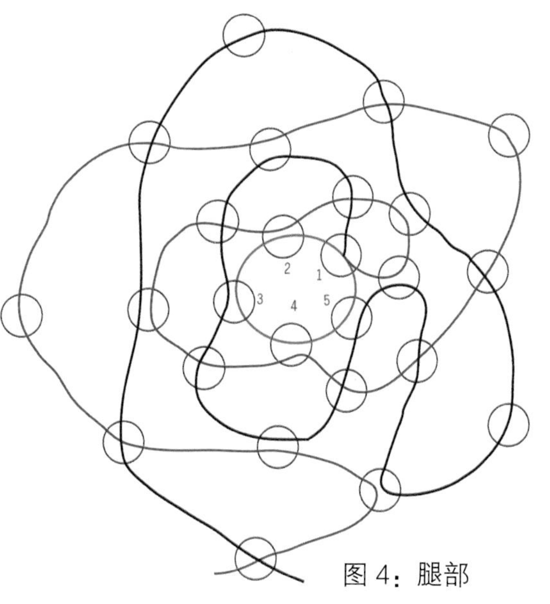

图 4：腿部

腿部

1. 如图所示：做腿每圈均成 4 珠一圈，共 2 层。

注：黑色为透明珠。

小狗

材料: 12mm：白珠 ×34，黄珠 ×71，黑珠 ×3；8mm：紫珠 ×2。

配件: 0.7mm 渔线适量。

工具: 剪刀。

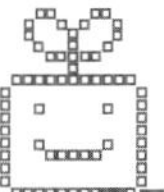

制　作　步　骤

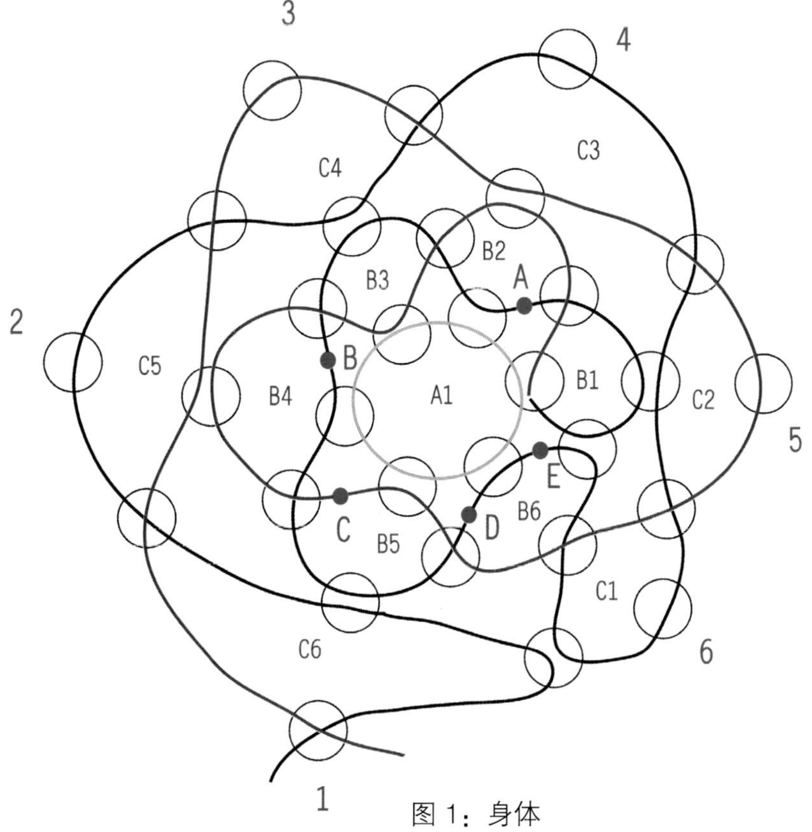

图 1：身体

1. 取 100cm 长渔线从 A1 圈狗身体开始穿起（见图 1），A、B、C、E 为加腿处，D 为加尾巴处。

2. 黑线到 A、B 时加 1 黄 1 白回穿后过珠，到 C、E 时红线加脚同 A、B，黑线到 D 时加 3 黄 1 白回穿过珠做尾巴。

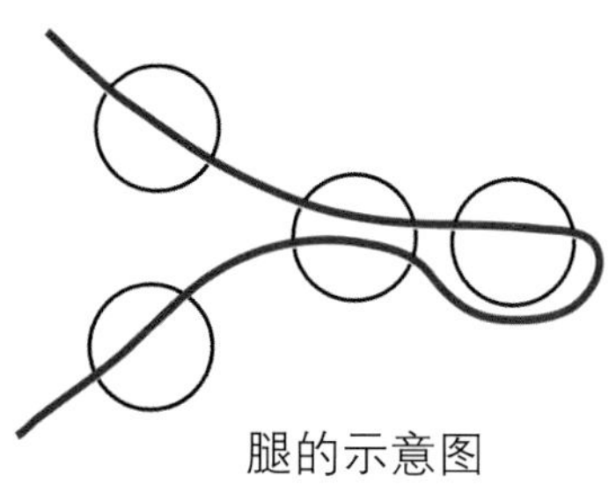

腿的示意图

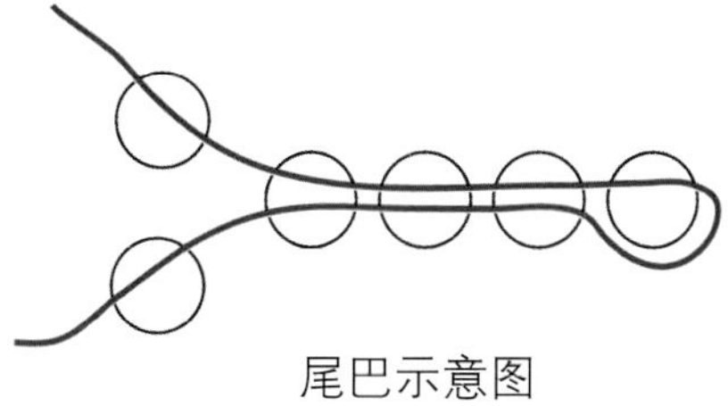

尾巴示意图

○为白珠
○为黄珠
○为紫珠

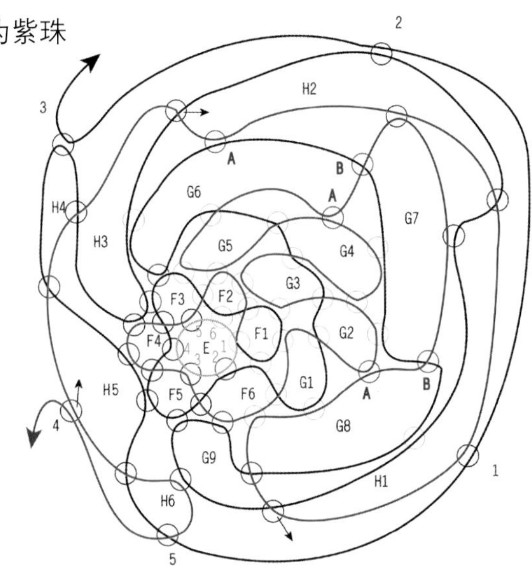

图 2：头部

3. E接图1，1～6接图1相应位置(见图2)。

4. 做到 G6 时开始顺时针方向绕到狗头顶，G9 时又开始逆时针穿珠。

H6 做完后，红线过黑珠，黑线过珠 1 ～ 3 后按 4-5-1-2-3 回穿即收线结束。

6. 图2中A、B为狗耳朵珠，另取一根15cm长渔线穿过A、B开始（见图3）。

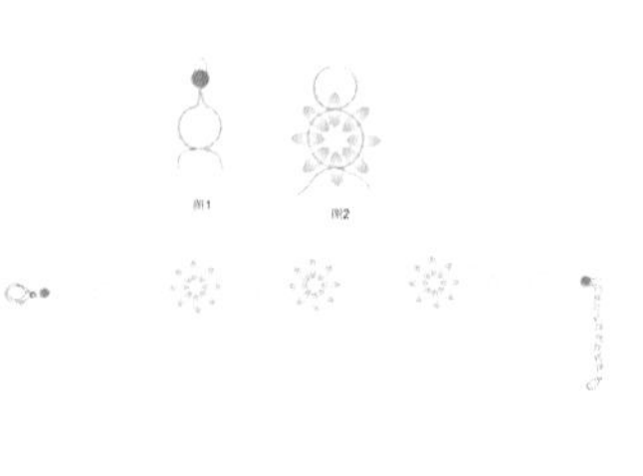

图 3

圣诞老人

材料: 12mm：白色珠中珠 ×128，透明珠 ×152，黑眼珠 ×2，黑色珠 ×76，红色珠中珠 ×274；8mm：白色珠中珠 ×39。

配件: 0.8mm 渔线，0.7mm 渔线（做帽子绣球）。

工具: 剪刀。

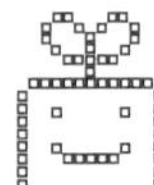

制　作　步　骤

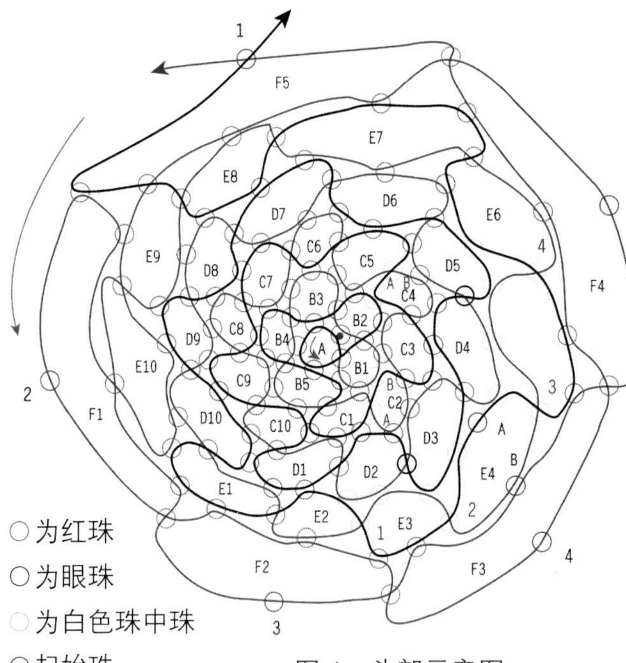

○为红珠
○为眼珠
○为白色珠中珠
⊙起始珠
未标明均为透明珠

图 1：头部示意图

头部：

1. 取 300cm 长的渔线依图 1 从 A 圈起始珠开始穿珠，依次完成 B1 ~ B5、C1 ~ C10、D1 ~ D10、E1 ~ E10、F1 ~ F5，F5 完成后接圣诞老人身体部位。

2. C2、D4 两圈中的 A、B 两珠为圣诞老人的眉毛，D3、D4 中的黑珠为眼睛。

3. E3 完成后，黑线过 1 白珠后加 1 红珠（A）再过 1 白珠，此红珠为圣诞老人的鼻子，加时需加正；E4 中的红珠 B 为圣诞老人的嘴巴。

4. E3 ~ E6 的珠 1 ~ 4 为加胡须处。

○为白色珠中珠

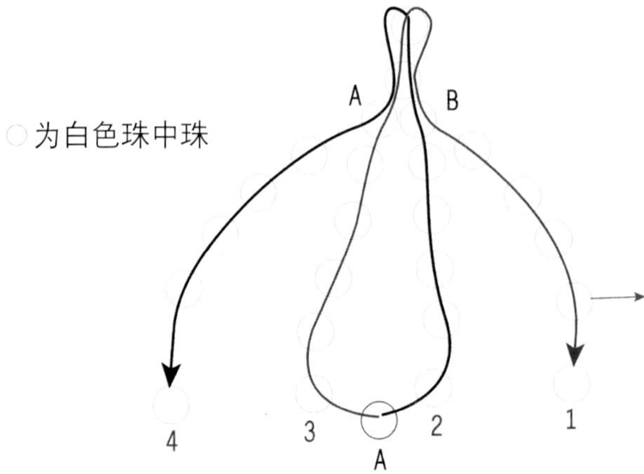

图 2：胡须示意图

胡须：

1. 图 2 中的珠 1 ~ 4 与图 1 中的珠 1 ~ 4 相对应。

2. 另取一根 30cm 长的渔线过珠 2、A、3 后，红线加 5 白珠、黑线加 5 白珠，两线再共同加 2 白珠并回穿 1 珠，黑线再过 1 白珠加 4 白珠，按图 2 箭头所指示方向从珠 4 连接头部，红线依法从珠 1 连接到头部。

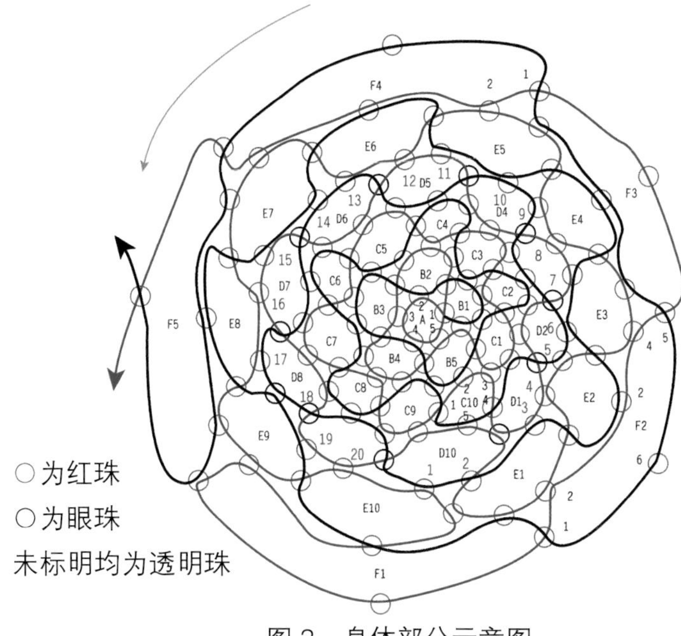

图 3：身体部分示意图

身体部分：

1. 图 3 的 A 圈中的珠 1 ~ 5 与图 1 中的珠 1 ~ 5 相同，B1 圈接图 1 中的 F5 圈。

2. 身体部分依图 3 逆时针方向从 B1 圈一直穿珠至 F5。

3. 图 3 中 D1 ~ D20 的 20 颗红珠为加圣诞老人裙子的珠，裙子做法见图 4。

4. C6 和 C10 两圈为加圣诞老人手处，做法见图 5；F2 和 F4 两圈为加圣诞老人脚处，做法见图 6。

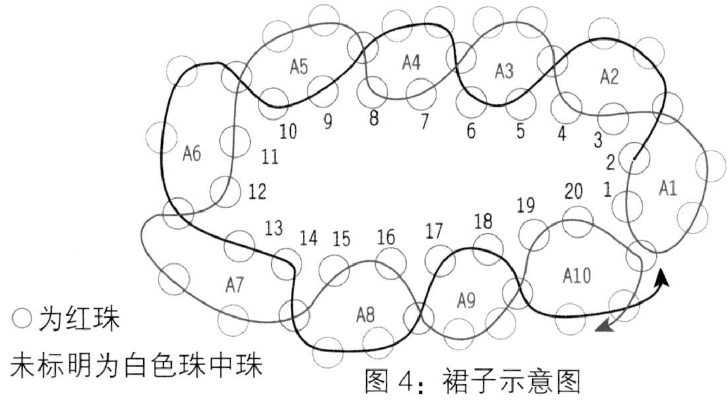

图 4：裙子示意图

裙子：

1. 另取一根 45cm 长的渔线过珠 1、2 两红珠后加 1 红 2 白 1 红后与黑线对穿成 A1，重复此动作 8 次完成 A9。完成 A9 后红线过 3 红珠，黑线加 2 白色珠中珠与红线对穿形成 A10。

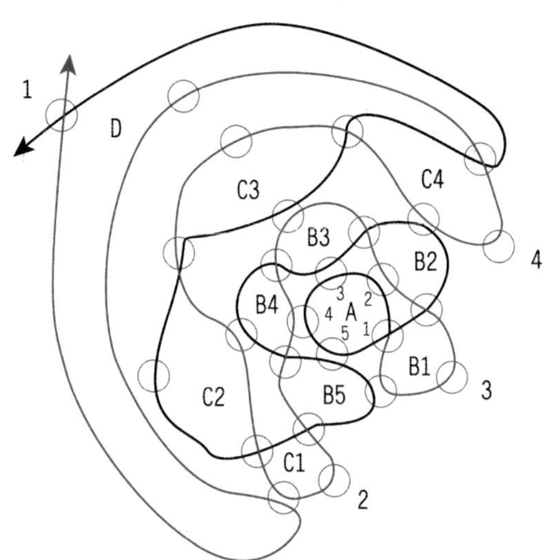

图 5-1：手臂示意图

手臂：

1. 另取一根 40cm 长的渔线过图 5-1A 圈中的珠 1 后按图所示开始穿珠，直至 D 圈完成。

2. A 圈与图 3 中的 C10 圈相对应，珠 1 ~ 5 也分别对应。

3. 在 C4 圈完成后，红线先加 1 红珠后再过 C1 圈的 1 红珠后与黑线完成 D 圈。

4. D 圈完成后形成的珠 1 ~ 4 为接手珠，做法见图 5-2。

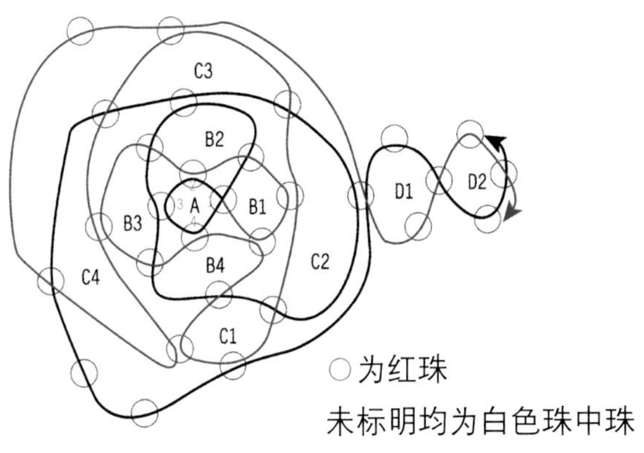

○为红珠
未标明均为白色珠中珠

图 5-2：手示意图

手：

1. 图 5-2 中的 B1 圈接图 5-1 中的 D 圈，依图穿珠至 D2 完成。

2. 在 C4 完成黑线加 2 白珠再过 2 珠，红线加 1 白珠后过 2 珠与黑线在 C2 圈中的白珠对穿，然后完成 D1、D2，最后按箭头方向收线结束。

3. 以上为图 3 的 C10 圈加手的做法，图 3 的 C6 圈加手做法与此相同。

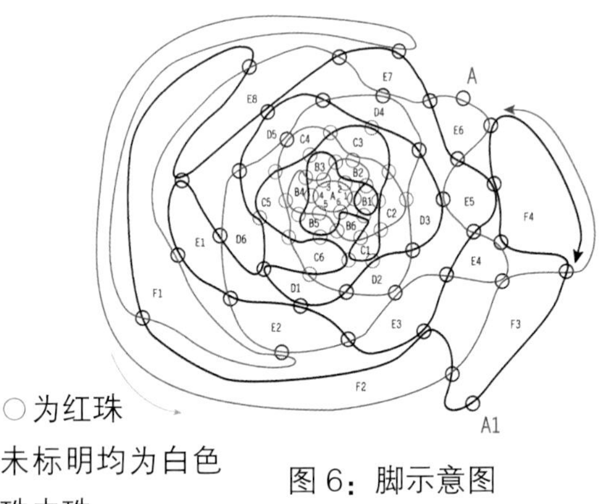

○为红珠
未标明均为白色珠中珠

图 6：脚示意图

脚：

1. 图中 A 圈为图 3 中的 F2 圈。另取一根 60cm 长的渔线过 A 圈中的珠 1 后逆时针穿珠至 F4 完成。

2. 图中 E6 圈的珠 A 与 F3 圈中的珠 A1 为同一珠。

3. F3 圈完成后，黑线过 E4、E5、E6 三圈中的 3 颗黑珠，再按箭头指示方向回穿拉紧。

4. 以上为图 3 的 F2 圈加脚做法，图 3 的 F4 圈加脚做法与此相同。

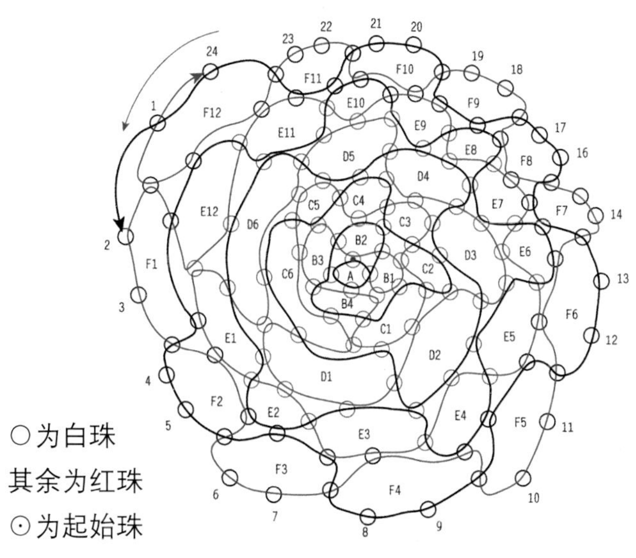

图 7：帽子示意图

帽子：

1. 取一根 85cm 长的渔线依图从 A 圈起始珠开始穿珠，至 F12 完成。

2. A 圈中标红色的珠为接帽顶球位置。

3. F12 完成后按箭头方向将帽口 24 颗白珠回穿一遍，以使帽口牢固。

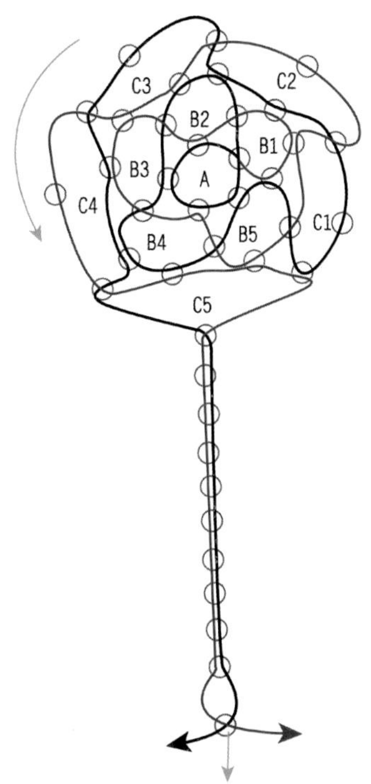

图 8：球示意图

球：

1. 取 40cm 长 0.6mm 渔线依图从起始珠开始穿珠，至 C5 完成。

2. C5 完成后，两线共加 9 颗白珠，再分别从图 7 中 A 圈的红珠两侧对穿，线头藏于帽顶中即可。

青蛙

材料: 12mm：绿珠 ×60，金珠 ×11，红珠 ×1，白珠 ×28；
14mm：黑眼珠 ×2。

配件: 渔线。

工具: 剪刀。

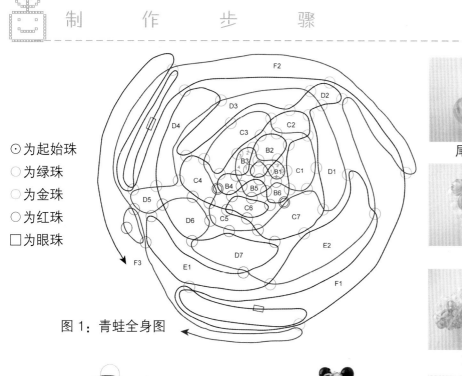

⊙为起始珠

○为绿珠

○为金珠

○为红珠

□为眼珠

图 1：青蛙全身图

尾部 4 珠

身体

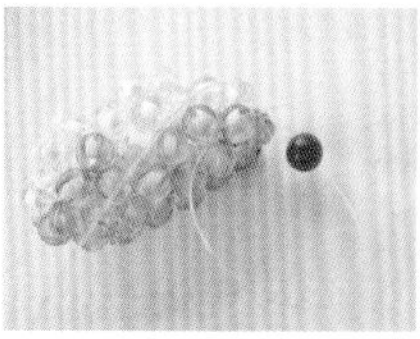

加眼睛

加腿

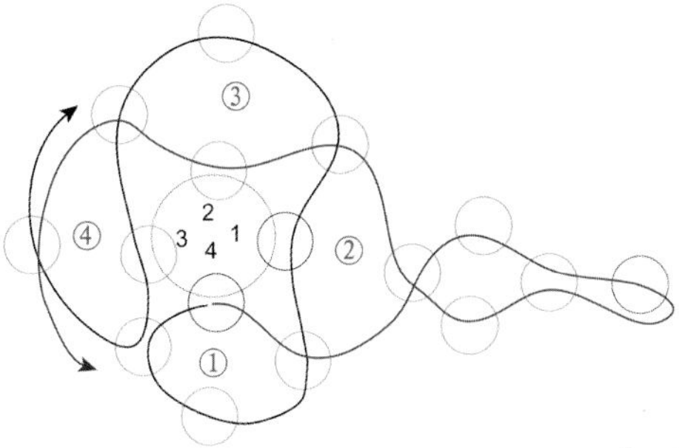

图 2：后腿示意图

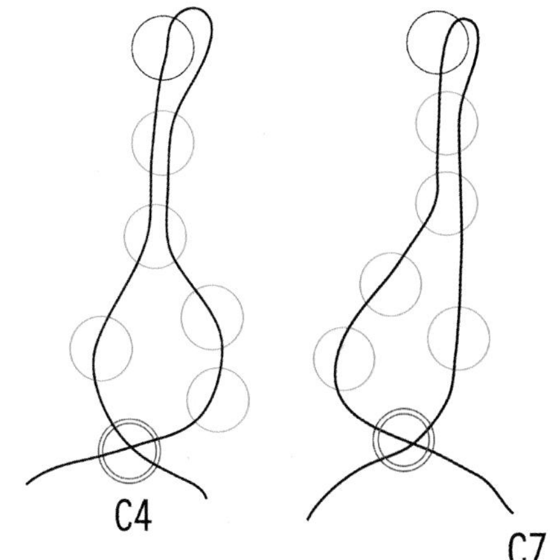

图 3：前腿示意图

1. 图 2 中 1 ~ 4 珠与图 1 中位置相对应。

2. 在依图穿到②圈时，红线加 1 绿珠后加 2 绿 1 白回穿 1 绿，再加 1 绿珠回穿到原位重复做一次②③④圈，完成后腿制作，另一腿按 1 ~ 4 顺序同样操作。

3. 图 3 中◎与图 1 中位置相对应，左、右腿以青蛙尾部朝人、肚皮朝上来区分。

4. 在做到 C4、C7 圈时红线按图操作完成左右腿后再继续回成 C4、C7 圈。

5. 在做到 F1、F2 时黑线需将黑眼珠一起做好，具体做法按图 1 到 F1、F2 时黑线的走向。

6. 在完成 F2 后，红线回穿 2 白珠后加 1 红珠，再从第 1 白珠回穿到黄珠，黑线回穿 1 黄珠与红线对穿后收线结束。

小浣熊

材料: 12mm：黄珠 ×87，红珠 ×18，黑眼珠 ×2；

10mm：红珠 ×1，黑珠 ×1。

配件: 0.7mm 渔线适量。

工具: 剪刀。

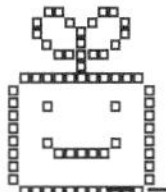

制　作　步　骤

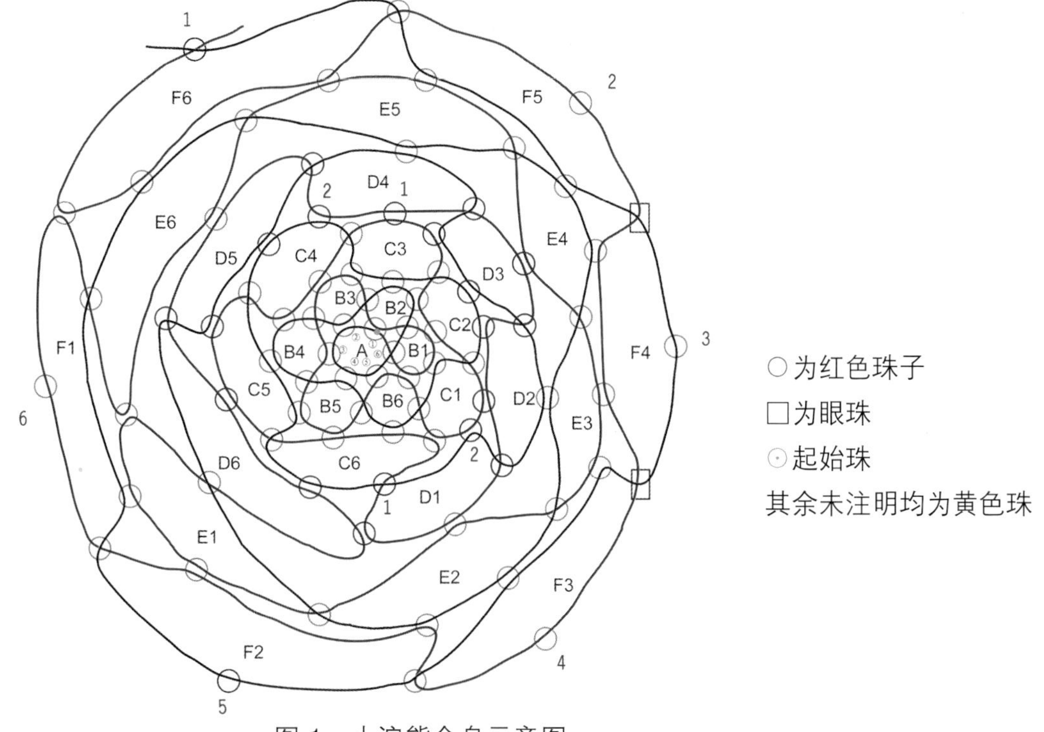

图 1：小浣熊全身示意图

1. 取 100cm 长渔线依图逆时针穿珠直到 F6 结束，见图 1。

2. 做到 B3 时，黑线过②珠后加 3 个黄色珠，从珠②回穿到原位，在做到 B6 时，红线过珠⑤后加 3 黄珠从⑤回穿到原位（具体见图 2），黑线过珠④后加 3 黄珠从珠③回穿到珠④，形成熊脚（见图 3）。

3. 在做到 D1 与 D4 时，D1 圈黑线，D4 红线分别加 3 黄珠后从珠红 1、2 两处回穿形成浣熊的两只手，与图 3 做法相同。

4. F2、F6 中的珠 1、2 为加耳朵珠，黑线过 1 或 2 珠后加 3 黄珠再回穿珠 1、2 形成耳朵，做法与图 2 相同。

5. F6 结束后，黑线需将 1~6 回穿一圈再收线结束。

6. 图 1F4 的○珠为加浣熊嘴的珠。

7. ②为黑珠④为红珠在做到 F4 圈时，红线过 A、B 两绿珠后加①②③三黄珠，从珠 A 回穿加 1 红珠④后从珠②穿过再回穿④、B 后完成整个作品。

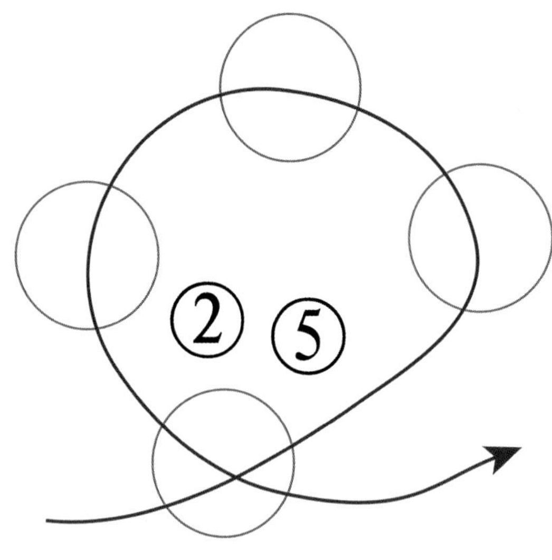

图 2：脚示意图

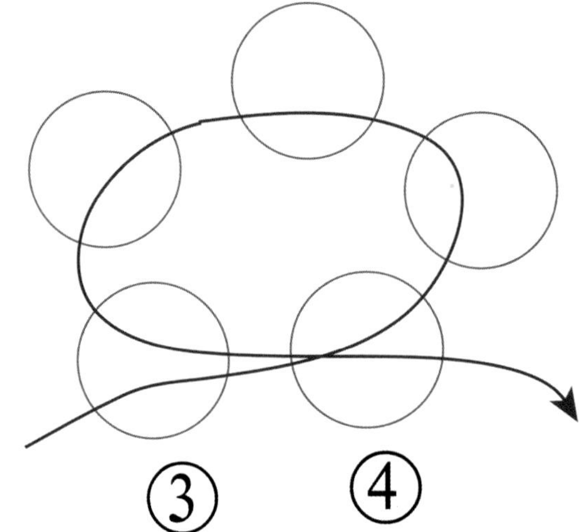

图 3：脚与手示意图

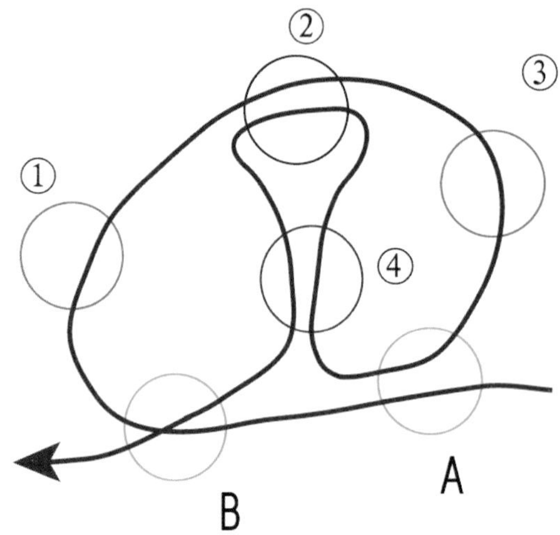

图 4：嘴示意图

金鱼

材料： 10mm：红珠 ×33，白珠 ×21；14mm：粉红珠 ×44，黑眼珠 ×2。

配件： 0.7mm 渔线适量。

工具： 剪刀。

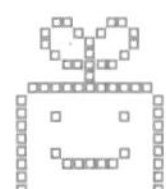

制　作　步　骤

○为粉红珠
○为红珠
□为黑珠
其余未标明的均为白珠
◎为起始珠

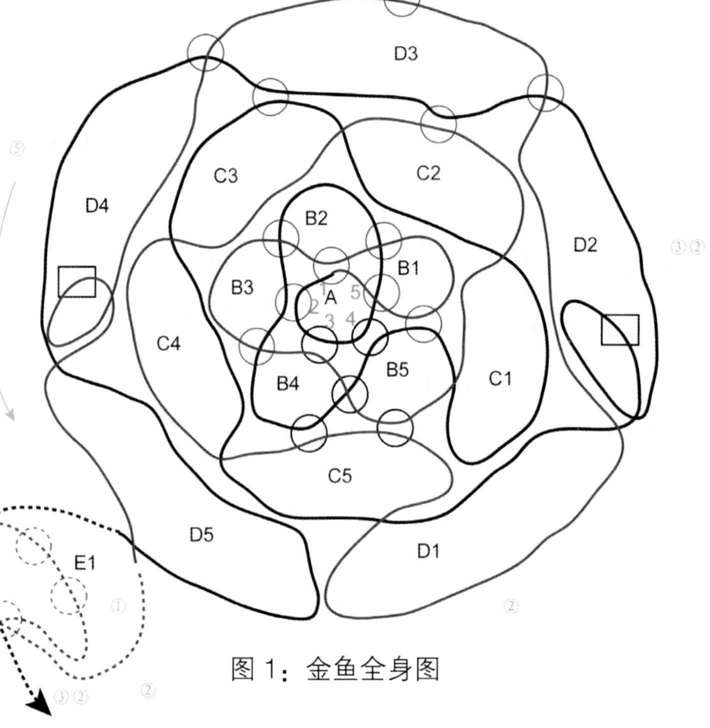

图 1：金鱼全身图

1. A1 圈为起始圈，取 60cm 长渔线从起始珠依图 1 开始穿珠。
2. 在穿珠到 B1、B2、B3 三圈时，红线，黑线过珠 1、2、5 分别加金鱼的尾巴。

（1）黑线、红线在 5 珠对穿后，红线加 1 红珠 2 粉红珠 3 白珠后回穿 1 白珠再加 1 白珠 2 粉红珠 1 红珠，后过 5 珠再继续 B1 圈的操作（图 2）。

（2）B1 完成红线过 1 珠后加 1 红珠 2 粉红珠 3 白珠，回穿 1 珠加 1 白珠 2 粉红珠 1 红珠，过珠 1，红线继续加 2 红珠 2 粉红珠 3 白珠回穿 1 白珠加 1 白珠 2 粉红珠 2 红珠后过珠 1，再继续 B2 圈的操作（图 3）。

（3）B2 完成，黑线过 2 珠后加尾巴，操作同（1）。

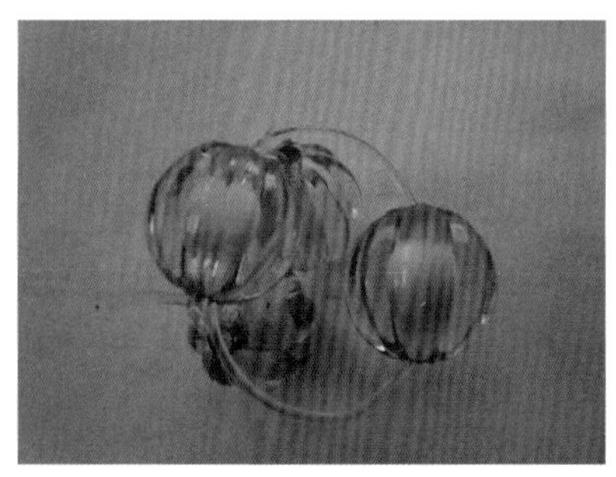

起始圈

身子

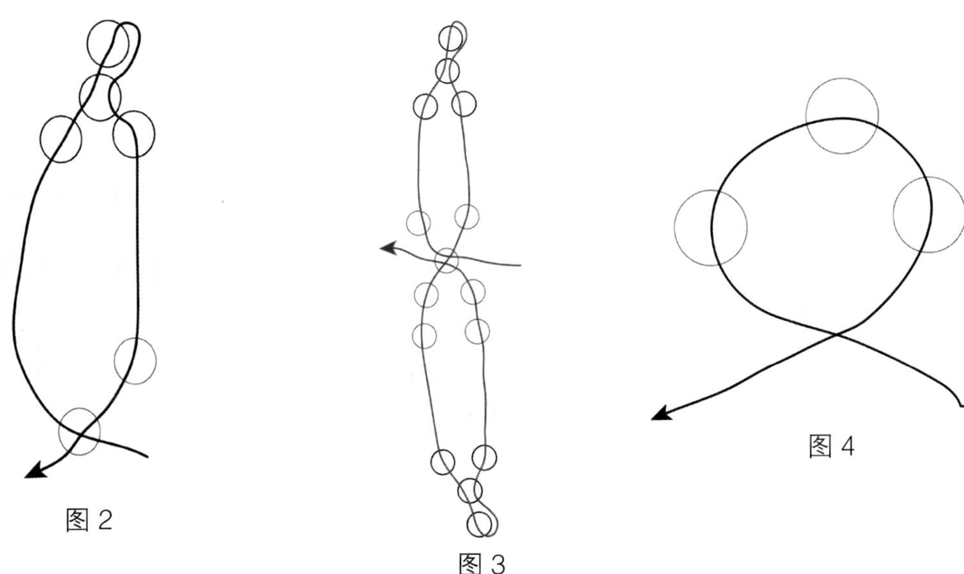

3. 图中○为加鱼鳍处，当红线过○珠后加 3 个红珠再过○珠后继续后面的制作（图 4）。

4. （1）在到 D1 完成后，黑线加 1 黑眼珠从红线过的第 1 个珠回穿到原位后完成 D2。

（2）在 D4 完成后，红线加 1 黑眼珠从 D4 圈过的最后 1 珠回穿到原位后开始后续的制作。

5. D5 完成后，黑线过④⑤，红线过②③后在④中交叉对穿形成 5 珠一圈后，红线如图 1 中 E1 所示过珠⑤后加 2 红珠后过③，最后红、黑线回穿收线。

尾

加粉 3 红回 1 粉

尾

小熊猫

材料： 10mm：白珠 ×154，黑珠 ×78，红珠 ×1；12mm：绿珠 ×1。

配件： 渔线。

工具： 剪刀。

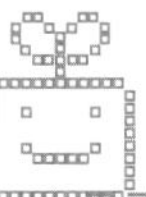

制　作　步　骤

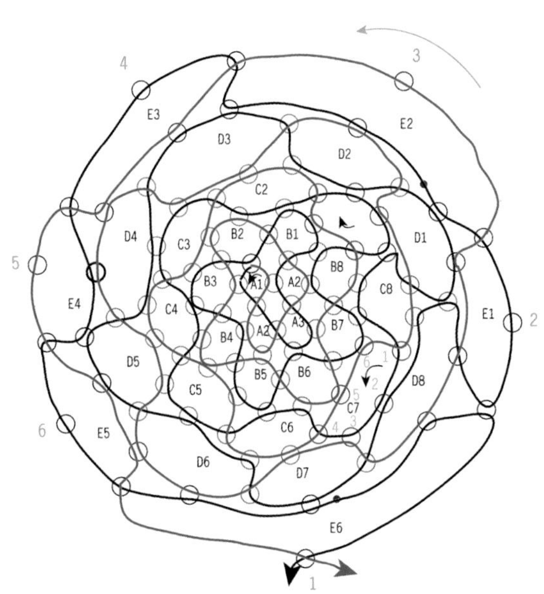

图 1：尾部及身子示意图

尾部及身子：

1. 取一根 180cm 长的渔线按图从 A1 开始穿珠，直到 E6 完成，A1 ~ A4 为熊猫尾部。

2. 在做到 C1、C7 两圈的 1 ~ 6 为加腿处，做时按图箭头方向制作图 2。

3. 做到 E6 圈时，黑线到●处外加 3 黑珠 1 绿珠 3 黑珠后，从 E2 ●处回穿到原位继续后续工序，见图 3。

4. 1、2、3、4、5、6 为接头部的 6 颗珠。

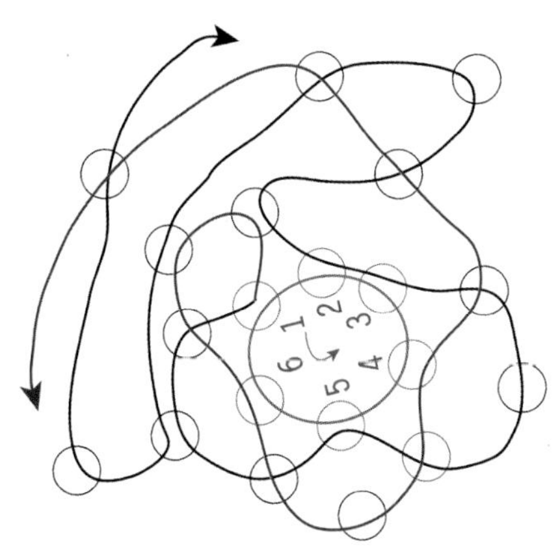

图 2：C7 加腿示意图

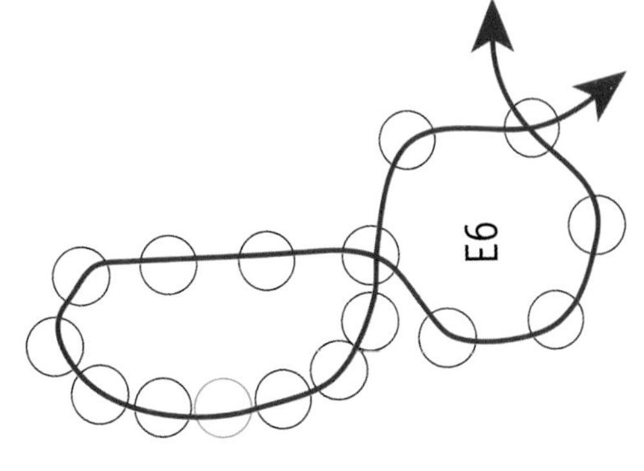

图 3：E2、E6 红点加手示意图

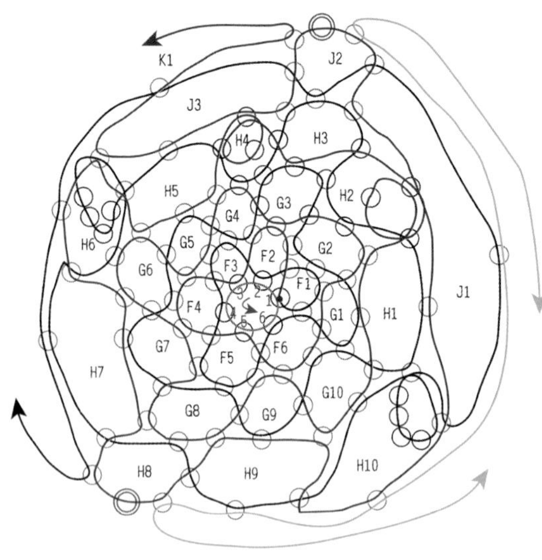

图 4：熊猫头部示意图

熊猫头部：

1. 起始圈（1 ~ 6）与图 1 外圈（1 ~ 6）相对应。

2. 按图制作到 H2、H4 时，加熊猫眼睛，H2 红线加 1 黑珠后加 1 眼睛珠再回穿 2 黑珠完成此眼。H4 完成对穿后红线加 1 眼珠回穿 2 黑珠到原位即可。

3. H6、H10 两圈加熊猫耳朵，做法与眼基本相似，只是耳朵需加 4 黑珠后回穿。

4. H8、J2 中的◎为同一珠，做时需留意。J2 完成后在熊猫顶部形成 5 珠一圈的 K2，形成如箭头头部所示。J3 完成后形成 K1，黑红线在 K1 处回穿结束即完成作品头部。

5. 图 4 中 G3 圈是加熊猫嘴处嘴的做法，见图 5。

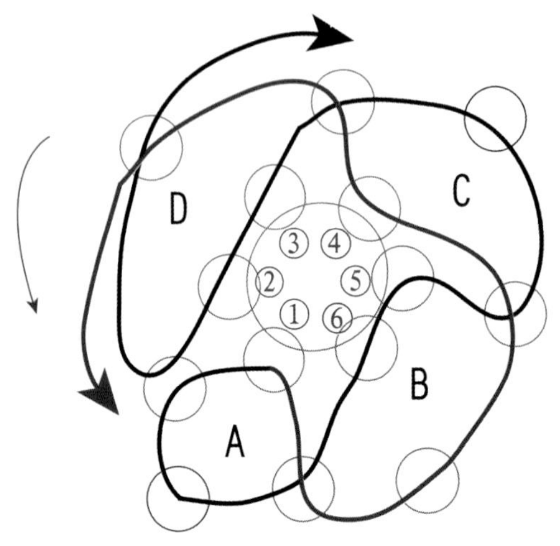

图 5：嘴示意图

嘴：

1. 另取一根 15cm 长的渔线过 1 珠后，右线加 3 珠与红线对穿后黑线过珠⑥、⑤，红线加 2 珠与黑线对穿；红线过 4 珠，黑线加 2 珠与红线对穿，黑线过珠③、②和 A 圈侧珠，红线加 1 珠后对穿，成型后按图箭头方向回穿结束。

小·燕子

材料： 10mm：白珠 ×30，蓝珠 ×81，红珠 ×8，黑眼珠 ×2；8mm：棕珠 ×2。

配件： 渔线。

工具： 剪刀。

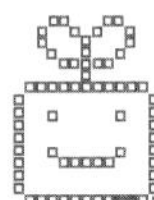

制 作 步 骤

○为篮珠
⊙起始珠，也是加尾巴珠
□黑眼珠
○红珠
未注明为白色珠

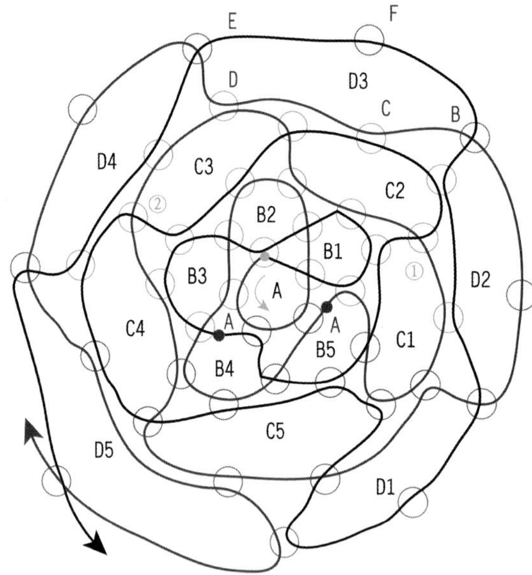
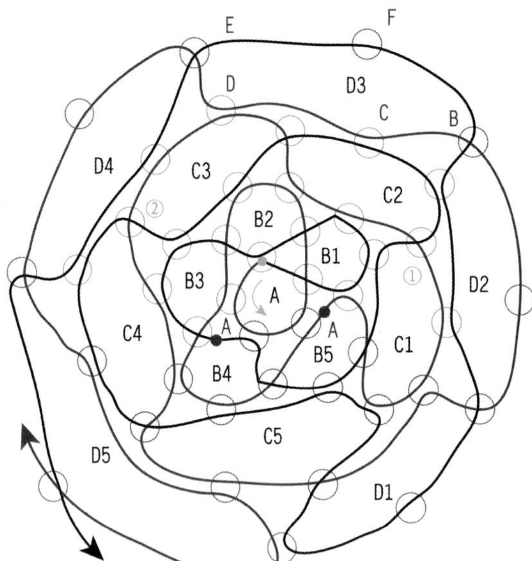

图 1：身体示意图

1. 取一根 180cm 长的渔线依图 1 从 A 圈开始穿珠，到 B4、B5 的 A 点时加燕子腿。在黑线过 B4 · A 时和红线过 B5 · A 时，分别加 1 蓝珠 1 红珠回穿 1 蓝珠后过 1 珠完成 B4 或 B5 图，见图 2。

2. 在穿到 C1、C3 的珠①、②时加燕子左右翅膀，见图 3、图 4。

右翅：黑线在珠①与红线对穿后，加 7 蓝珠 1 红珠回穿 1 蓝珠加 4 蓝珠后回穿到原位。

左翅：红线过珠②后加 7 蓝珠 1 红珠回穿 1 蓝珠加 4 红珠回穿到原位。

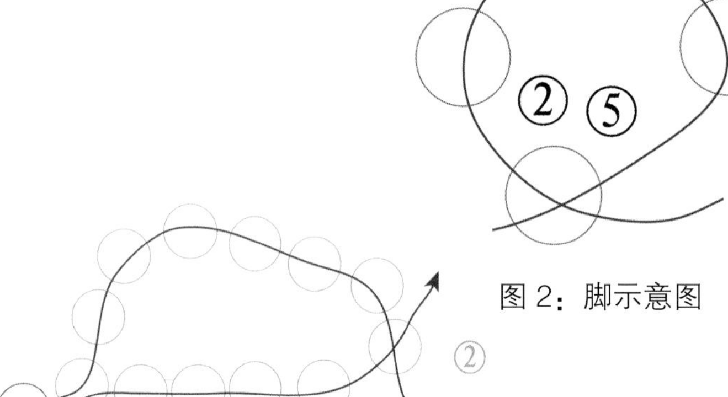

图 3：右翅示意图

图 2：脚示意图

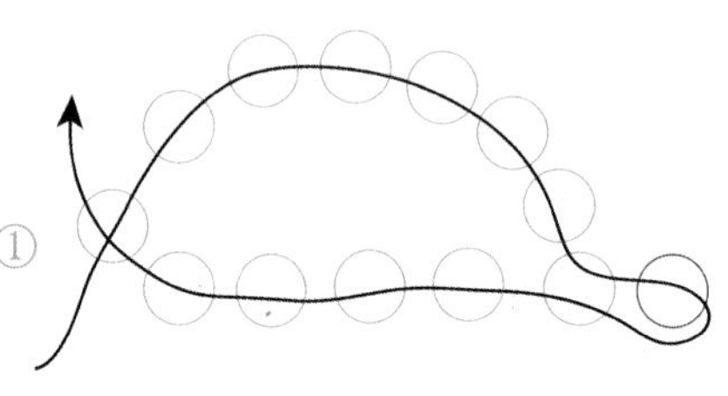

图 4：左翅示意图

加脚

脚加好后

加翅膀

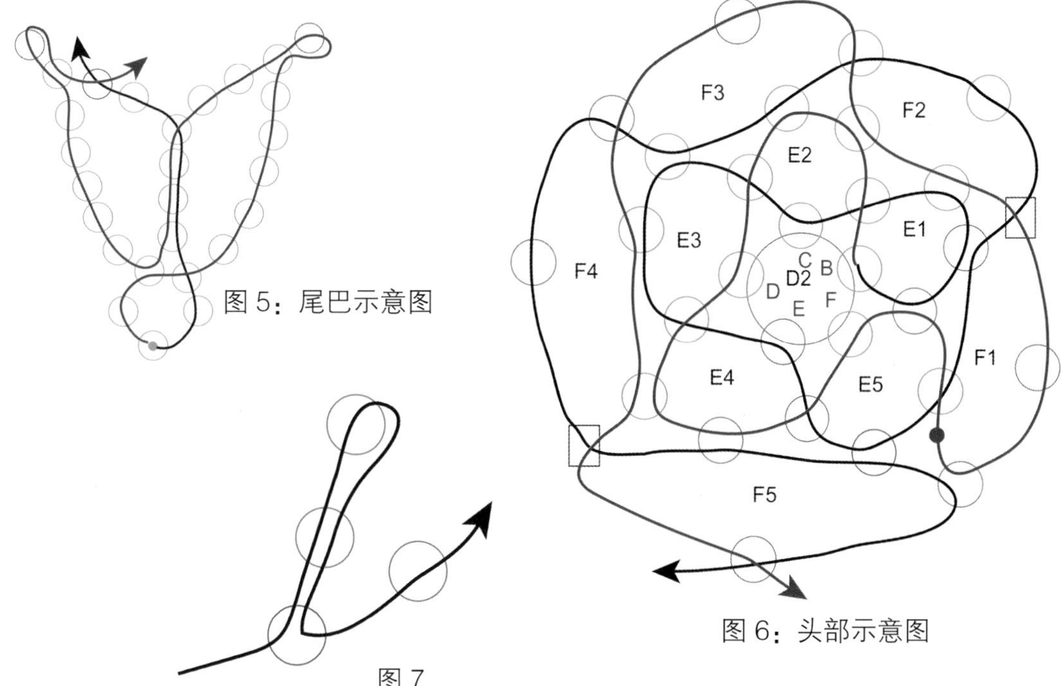

图 5：尾巴示意图

图 6：头部示意图

图 7

3. 另取一根 20cm 长的渔线过图 1 中的⊙，如图 5，红线加 2 蓝珠，黑线加 2 蓝珠对穿后加 4 蓝珠，红线加 6 蓝珠、1 红珠回穿 1 蓝珠加 2 蓝珠与黑珠对穿；黑线加 2 蓝珠，红线过 5 蓝珠后加 6 蓝珠、1 红珠回穿 1 蓝珠与黑线对穿，回穿收线结束。

4. D3 圈 B ~ F 为加头部圈，见图 6，将图 1 的红、黑线回穿到珠 B 两端，开始头部穿珠，依图穿完后红、黑线绕顶部前拉紧结束，在 F1 圈红线过珠前加 2 棕珠回穿 1 珠后过珠完成 F1 圈，见图 7。

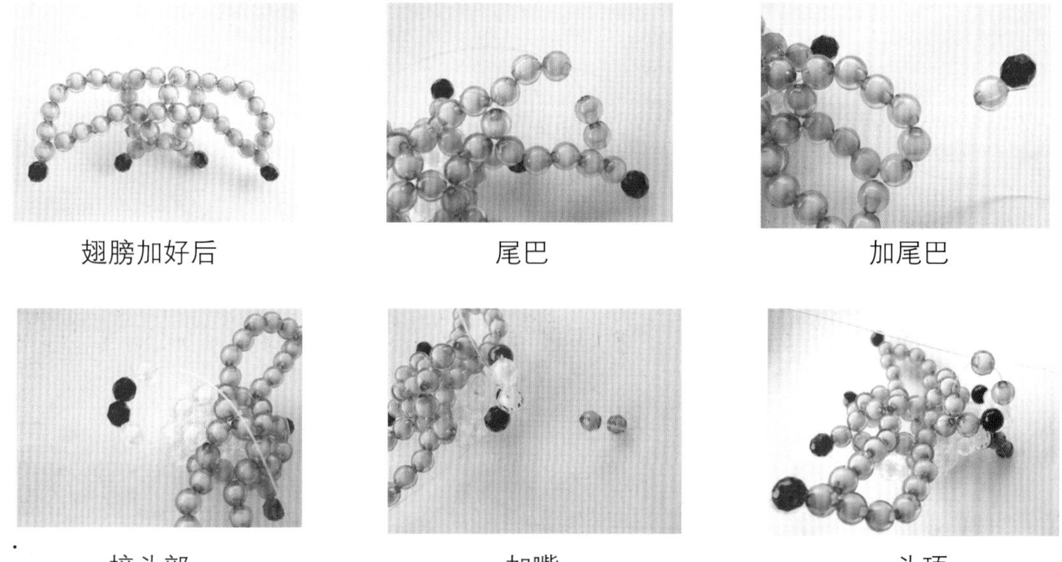

翅膀加好后　尾巴　加尾巴

接头部　加嘴　头顶

图书在版编目（CIP）数据

串珠基础技法一本通 / 犀文图书编著 . — 天津：天津科技翻译出版有限公司，2015.9
ISBN 978-7-5433-3520-2

Ⅰ. ①串… Ⅱ. ①犀… Ⅲ. ①手工艺品－制作 Ⅳ. ①TS973.5

中国版本图书馆 CIP 数据核字 (2015) 第 147131 号

出　　版：天津科技翻译出版有限公司
出 版 人：刘　庆
地　　址：天津市南开区白堤路 244 号
邮政编码：300192
电　　话：（022）87894896
传　　真：（022）87895650
网　　址：www.tsttpc.com
策　　划：犀文图书
印　　刷：北京画中画印刷有限公司
发　　行：全国新华书店
版本记录：787 × 1092　16 开本　12 印张　240 千字
2015 年 9 月第 1 版　2015 年 9 月第 1 次印刷
定价：39.80 元